我们不能甘于

一个努力朝着自己梦想前进的人，

整个世界都会为你让路。

努力到
感动自己

让美好
如期而至

江鹤鸣　编著

吉林出版集团股份有限公司

图书在版编目（**CIP**）数据

努力到感动自己，让美好如期而至 / 江鹤鸣编著. —长春：
吉林出版集团股份有限公司, 2018.7
ISBN 978-7-5581-5574-1

Ⅰ.①努… Ⅱ.①江… Ⅲ.①成功心理—通俗读物
Ⅳ.①B848.4-49

中国版本图书馆CIP数据核字(2018)第155692号

努力到感动自己，让美好如期而至

编　　著	江鹤鸣	
总 策 划	马泳水	
责任编辑	王　平　史俊南	
封面设计	中易汇海	
开　　本	880mm×1230mm　1/32	
字　　数	200千	
印　　张	9	
版　　次	2019年10月第1版	
印　　次	2019年10月第1次印刷	

出　　版	吉林出版集团股份有限公司	
电　　话	（总编办）010-63109269	
	（发行部）010-67482953	
印　　刷	北京欣睿虹彩印刷有限公司	

ISBN 978-7-5581-5574-1　　　　　　定　价：42.00元

前言

　　我们常说，生活会给予我们想要的一切，但许多人憧憬的那些美好，不是说一说或是做一个美梦就可以实现的，它需要我们比别人多努力百倍、多付出百倍，甚至是多折磨百倍，才可能拥有。如果没有跨急流攀险峰的胆魄，没有全力以赴抵达理想彼岸的决心，遇到荆棘和坎坷就轻易退却，遭受泥泞和伤痛就选择放弃，那么无论我们再怎么憧憬诗和远方，生活本身依然会是一潭死水。过好这一生，你需要智慧，更需要勇气。有勇气去努力和拼搏，才会让你放弃眼前的苟且，穿越更多的丛林，见识更多的风景，历险美好的岁月。

　　爱拼才会赢，拼搏，才能成就人生。你的未来不会在某个地方傻傻地等你，成功不会从天而降，它需要我们每天不断地努力、拼搏、积累。你要用双手拼出属于你自己的世界，拼出属于你自己的辉煌。路都是自己走出来的，如果只想走坦途，那么你的人

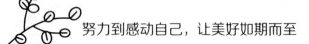

生连接的就是一种向下的曲线，路越来越窄，未来越来越迷茫。如果不畏险途，勇敢向前，在跨越一道道障碍后，你会发现，生命越来越精彩，曾经的困难与挫折都化作了通向成功的彩虹桥。

努力，是为了不辜负曾经那些五光十色的梦想；拼搏，是为了以更快的速度接近我们心中的目标；奔跑，是为了提醒自己前方的路途还很漫长。跌倒了爬起来就好，受伤了休息后再出发。现在流的汗水，是为了证明我们没有空耗生命。现在那么拼命努力，是为了十年后，乃至年老时，不因虚度时光而追悔莫及。

生活从来不会辜负每一个人的努力。从来到这个世界上开始，我们就在与命运做斗争，慢慢地你会发现，当你越努力时，你就会变得越幸运。所谓的挫折、失败、苦难并不可怕，可怕的是不敢面对。所有命运给予你的伤痛，终将会成为你人生的垫脚石，是别人无法复制、独属于自己的人生勋章。在奋斗的道路上，荆棘丛生，被伤害、被委屈都是必然，如果就此放弃，将一事无成。要知道，每一座历尽艰难爬上的山峰都是到达更高山峰的起点。

那么在今天，你就要努力到感动自己，拼搏到身无余力。沿着人生的道路一直努力奔跑，总有一天，你会变成自己喜欢的样子，会拥有想要的生活。

目录

第三章　等来的是失望，拼出来的才是成功

第四章　只要有勇气，命运就会改变

目录

第五章　可以输给别人，但绝不能输给自己

第六章　有信念的人，再难的日子都会度过

第七章　心可以高飞，脚要植根于地上

目录

第十章 每个成功者，都是一个能忍受寂寞的人

第一章

如果站不起来，我们跪着也要奔跑

别把自己看作是最不幸的

没有人注定不幸，你绝对不比其他人更不幸。不要因为没有鞋子而哭泣，看看那些没有脚的人吧！绝对不要把自己想象成最不幸的人，否则，你就真正成了最不幸的人。

据说，世界上只有两种动物能到达金字塔顶：一种是老鹰，还有一种就是蜗牛。

老鹰和蜗牛，它们是如此不同：鹰矫健凶狠，蜗牛弱小迟钝。鹰性情残忍，捕食猎物甚至吃掉同类从不迟疑。蜗牛善良，从不伤害任何生命。鹰有一对飞翔的翅膀，而蜗牛背着一个厚重的壳。它们从出生就注定了一个在天空翱翔，一个在地上爬行，是完全不同的动物，唯一相同的是它们都能到达金字塔顶。

鹰能到达金字塔顶，归功于它有一双善飞的翅膀。也因为这双翅膀，鹰成为最凶猛、生命力最强的动物之一。与鹰不同，蜗牛能到达金字塔顶，主观上是靠它永不停息的执着精神。虽然爬行极其缓慢，但是每天坚持不懈，蜗牛总能登上金字塔顶。

我们中间的大多数人都是蜗牛，只有一小部分能拥有优秀的先天条件，成为鹰。但是先天的不足，并不能成为自暴自弃的理由。因为，没有人注定命中不幸。要知道，在攀登的过程中，蜗牛的壳和鹰的翅膀，起的是同样的作用。可惜，生活中，大多数人只羡慕鹰的翅膀，很少在意蜗牛的壳。所以，我们处于人生低谷时，无须心情浮躁，更不应该抱怨颓废，而应该静下心来，学习蜗牛，每天进步一点点，总有一天，你也能登上成功的金字塔。

高尔基早年生活十分艰难，4岁丧父，母亲早早改嫁。在外祖父家，他遭受了很大的折磨。外祖父是一个贪婪、残暴的老头儿。他把对女婿的仇恨统统发泄到高尔基身上，动不动就责骂毒打他。更可恶的是，他那两个舅舅经常侮辱这个幼小的外甥，使高尔基在心灵上过早地领略了人间的丑恶。只有慈爱的外祖母是高尔基唯一的保护人，她真诚地爱着这个可怜的小外孙，每当他遭到毒打时，外祖母总是搂着他一起流泪。

高尔基在《童年》中叙述了他苦难的童年生活。在19岁那年，高尔基突然得到一个消息：他最为慈爱的、唯一的亲人外祖母，在乞讨时跌断了双腿，因无钱医治，伤口长满了蛆虫，最后惨死在荒郊野外。

外祖母是高尔基在人世间唯一的安慰。这位老人劳苦一辈子，受尽了屈辱和不幸，最后竟这样惨死。这个噩耗几乎把高尔基击懵了。他不由得放声痛哭，几天茶饭不进。每当夜晚，他独自坐在教堂的广场上呜咽流泪，为不幸的外祖母祈祷。1887年12月12日，高尔基觉得活在人间已没有什么意义。这个悲伤到极点的青年，从市场上买了一支旧手枪，对着自己的胸膛开了一枪。但是，他还是被医生救活了。后来，他终于战胜了各种各样的灾难，成为世界著名的大文豪。

你要明白，没有人命定不幸。你的困难、挫折、失败，其他人同样可能遇到，而其他人遇到的更大的困难、挫折、失败，你却没有遇到，你绝对不比其他人更不幸。不要因为没有鞋子而哭泣，看看那些没有脚的人吧！绝对不要把自己想象成最不幸的，否则，你就真正成了最不幸的人。要知道，没有什么困难能够打垮你，唯一能够打垮你的就是你自己，就是你把自己看作是最不幸的。

许多人常常把自己看作是最不幸的、最苦的，实际上许多人比你的苦难还要大，还要苦，大小苦难都是生活所必须经历的。苦难再大也不能丧失生活的信心与勇气。与许多伟大的人物所遭受的苦难相比，我们个人所遇到的困难又算得了什么。名人之所以成为名人，大都是由于他们在人生的道路上能够承受住一般人所无法承受的种种磨难。他们面对事业上的不顺、情场上的失意、身体上的疾病、家庭生活中的困苦与不幸，以及各种心怀恶意的小人的诽谤与陷害，没有沮丧，没有退缩，而是咬紧牙关，擦净那饱受创伤的心所流出的殷红的鲜血和悲愤的泪水，奋力抗争，不懈地拼搏，用自己惊人的毅力和不屈的奋斗精神，为人类的文明和社会的进步做出了卓越的贡献，从而成为风靡世界的名人。

人生需要的不是抱怨、自怜，而是扎扎实实、艰苦地奋斗。人是为幸福而活着的，为了幸福，苦难是完全可以接受的。

人生的苦难与幸福是分不开的。人类的幸福是人类通过长期不懈的努力而逐步得到的，这中间要经历各种苦难，这正像人们常讲的，幸福是由血汗造就的。有些人太单纯、太简单了，他们只要幸福而不要苦难。切记，拒绝苦难的人，就不可能拥有幸福。

如果跪在地上，就用双膝奔跑

成长其实就是不断战胜挫折的一个过程。经历过挫折的生命，便是那绚丽无比的彩虹。

城里的儿子回农村老家，发现自家玉米地里玉米长得很矮，地已干旱，可周围其他地里的苗已长得很高。当儿子买了化肥、挑起粪桶准备浇地时，却被父亲阻止了。父亲说，这叫控苗。玉米才发芽的时候，要旱上一段时间，让它深扎根，以后才能长得旺，才能抵御大风大雨。过了个把月，一个狂风骤雨的日子，儿子果然看到自家地里的玉米安然无恙，别人都在地里扶刮倒了的玉米。

种玉米的故事，似乎亦告诉我们同样的人生道理：年轻时苦一点，受一点挫折，没关系，它只会让人多一点阅历，长一点见识，并因此而坚强起来，因此而获取成功。

在生活中，挫折是不可避免的。但是，只要我们正确地看待挫折，敢于面对挫折，在挫折面前无所畏惧，克服自身的缺点，在困难面前不低头，那么，顽强的精神力量就可以征服一切，不是吗？曾任美国总统的林肯一生中就遭遇过无数次失败和打击，然而他英勇卓绝，败而不馁，不正是因为这惊人的顽强毅力才使他走上光辉大道吗？

不经历风雨，怎能见彩虹。的确，人生需要挫折。当挫折向你微笑，此刻你就会明白：挫折孕育着成功。

有一位穷困潦倒的年轻人，身上全部的钱加起来也不够买一

件像样的西服。但他仍全心全意地坚持着自己心中的梦想——他想做演员，当电影明星。

好莱坞当时共有 500 家电影公司，他根据自己仔细划定的路线与排列好的名单顺序，带着为自己量身定做的剧本一一前去拜访。但第一遍拜访下来，500 家电影公司没有一家愿意聘用他。

面对无情的拒绝，他没有灰心，从最后一家电影公司出来之后不久，他就又从第一家开始了他的第二轮拜访与自我推荐。

第二轮拜访也以失败而告终。第三轮的拜访结果仍与第二轮相同。

但这位年轻人没有放弃，不久后又咬牙开始了他的第四轮拜访。当拜访第 350 家电影公司时，这里的老板竟破天荒地答应让他留下剧本先看一看，他欣喜若狂。

几天后，他获得通知，请他前去详细商谈。就在这次商谈中，这家公司决定投资开拍这部电影，并请他担任自己所写剧本中的男主角。

不久这部电影问世了，名叫《洛奇》。这个年轻人就是好莱坞著名演员史泰龙。

面对 1850 次的拒绝，所需要的勇气是我们难以想象的。但正是这种勇敢，这种不轻言放弃的精神，这种对自己理想的执着追求，让故事中的年轻人的梦想得到了实现。在我们实现梦想的路途中，也会不可避免地遭遇到种种挫折，让我们用执着为自己导航，坚定地扬起乘风破浪的风帆，坚信终有一天成功的海岸线会在我们眼里出现。

挫折是一座大山，想看到大海就得爬过它；挫折是一片沙漠，想见到绿洲就得走出它；挫折还是一道海峡，想见到大陆就得游过它。

挫折是可怕的，但却是人生，是成长不可缺少的基石。

挫折是会给人带来伤害，但它还给我们带来了成长的经验。被开水烫过的小孩子是绝不会再将稚嫩的小手伸进开水里的。即使他再顽皮，他也会记得开水带来的伤痛。被刀子割破了手指的小孩子是绝不会再肆无忌惮地拿着刀子玩耍的，因为他知道刀子很危险。孩子们经历了挫折，但他们换来了成长的经验。这不正是我们所说的"坏事变好事"吗？

有位名人说过："勇者视挫折为走向成功的阶梯，弱者视之为绊脚石。"上天之所以要制造这么多的挫折，就是为了让你在挫折中成长。当你战胜种种挫折，蓦然回首时，你就会惊喜地发现，你成熟了。

勤奋能创造最好的自己

勤奋能塑造卓越的伟人，也能创造最好的自己。大凡有作为的人，无一不与勤奋有着深厚的缘分。

古人说得好："一勤天下无难事。"勤奋能塑造卓越的伟人，也能创造最好的自己。爱因斯坦曾经说过："在天才和勤奋之间，我毫不迟疑地选择勤奋，她几乎是世界上一切成就的催化剂。"高尔基还有这么一句话："天才出于勤奋。"卡莱尔更激励我们说："天才就是无止境刻苦勤奋的能力。"

大凡有作为的人，无一不与勤奋有着深厚的缘分。古今中外著名的思想家、科学家、艺术家，他们无不是勤奋耕作走向成功的典型。

1601年的一个傍晚，丹麦天文学家第谷·布拉赫卧在床上，生命已经垂危。他的学生德国天文学家开普勒坐在一张矮凳上，倾听着老师临终的话："我一生以观察星辰为工作，我的目标是1000颗星，现在我只观察到750颗星。我把我的一切底稿都交给你，你把我的观察结果出版出来……你不会让我失望吧？"

开普勒静静地坐着，点了点头，眼泪从脸颊上流下来。

为了不辜负老师的嘱托，开普勒开始勤奋工作。但是他的继承引起了布拉赫亲戚们的妒忌，不久，他们合伙把作为遗产的底稿全部收了回去。无情的挫折没能使开普勒屈服，他日夜牢记着老师的托付"我的目标是1000颗星"。开普勒顽强地进行实地观测，每天只睡几个小时，吃住都在望远镜边，开始了枯燥单调的天文工作。751，752，753……20多年过去了，终于在1627年，开普勒实现了老师的遗愿。

天才出自勤奋，伟大来自平凡的努力，没有人能随随便便成功。没有细致耐心的勤奋工作，也不会有大的成就。

所谓勤，就是要人们善于珍惜时间，勤于学习，勤于思考，勤于探索，勤于实践，勤于总结。看古今中外，凡有建树者，在其历史的每一页上，无不都用辛勤的汗水写着一个闪光的大字——"勤"。

德国伟大诗人、小说家和戏剧家歌德，前后花了58年的时间，搜集了大量的材料，写出了对世界文学和思想界产生很大影响的诗剧《浮士德》；

马克思写《资本论》，辛勤劳动、艰苦奋斗了 40 年，阅读了数量惊人的书籍和刊物，其中做过笔记的就有 1500 种以上；

我国著名的数学家陈景润，在攀登数学高峰的道路上，翻阅了上千本国内外相关的资料，通宵达旦地看书学习，取得了震惊世界的成就。

记得有人说过："天才之所以能成为天才，只不过是因为他们比一般人更专注更勤奋罢了。"的确，没有人能只依靠天分成功。上天只能给人天分，只有勤奋才能将天分变为天才。

任何一项成就的取得，都是与勤奋分不开的，古今中外，概莫能外。伟大的成功和辛勤的劳动是成正比的，有一分劳动就有一分收获，日积月累，从少到多，奇迹就可以创造出来。

无论多么美好的东西，人们只有付出相应的劳动和汗水，才能懂得这美好的东西是多么来之不易，因而愈加珍惜它。这样，人们才能从这种"拥有"中享受到快乐和幸福。

如果能试着按下面的方法去做，你就能变得勤奋，你的努力也会更加有效：

（1）要做一些自己喜欢的事情；学会自己做决定，哪怕是已定的事情也要学着自己决定一下；从小事开始，先做一些有把握成功的事情；把激发自己热情的事情记录下来；珍惜生命；鼓励自己，和热情的人在一起。

（2）会休息的人才会工作。充分休息，自我放松，培养愉快的心情。在积极的心态下行动，才能事半功倍。

（3）做一个详细具体的计划，让自己的工作有计划、有规

律，然后努力把眼前的事情做好。

（4）只顾忙碌而不注重效率也不行，所以要做好时间管理，让自己的努力更有效率。

（5）绝不拖延，只有这样，才能养成今日事今日毕的好习惯。长此以往，便可拥有可贵的品质——勤奋。

生活中很多东西是难以把握的，但是成长是可以把握的。也许我们再努力也成不了刘翔，但我们仍然能享受奔跑。可能会有人妨碍你的成功，却没人能阻止你的成长。换句话说，这一辈子你可以不成功，但是不能不成长。

人生旅途中，似乎不总是那么一帆风顺、如愿如期，总有一些或多或少的困难与挫折，家家有本难念的经！既然上天给了我们一次锻炼与考验的机会，那我们又何必那么吝啬，畏首畏尾，退避三舍呢？与其在那儿蜷缩手脚、闷闷不乐，倒不如在逆境中顽强拼搏，急流勇退。或许我们能改变现状，毕竟是"山重水复疑无路，柳暗花明又一村"，天无绝人之路。当老天为你关闭这扇窗，必定也为你打开了另一扇窗，只是你缺少睿智的眼睛。

一位父亲很为他的孩子苦恼。因为他的儿子已经十五六岁了，可是一点男子气概都没有。于是，父亲去拜访一位禅师，请他训练自己的孩子：

禅师说："你把孩子留在我这边，3个月以后，我一定可以把他训练成真正的男人。不过，这3个月里面，你不可以来看他。"父亲同意了。

3个月后，父亲来接孩子。禅师安排孩子和一个空手道教练进行一场比赛，以展示这3个月的训练成果。

教练一出手，孩子便应声倒地。他站起来继续迎接挑战，但马上又被打倒，他就又站起来……就这样来来回回一共16次。

禅师问父亲："你觉得你孩子的表现够不够男子气概？"

父亲说："我简直羞愧死了！想不到我送他来这里受训3个月，看到的结果是他这么不经打，被人一打就倒。"

禅师说："我很遗憾你只看到表面的胜负。你有没有看到你儿子那种倒下去立刻又站起来的勇气和毅力呢？这才是真正的男子气概啊！"

不断地倒下，再不断地爬起，正是在这种磕磕碰碰中我们成长了。故事中男子汉的气概并不是表现在我们跌倒的次数比别人少，而是在于，每次跌倒后，我们都有爬起来再次面对困难的勇气和不达目的誓不罢休的毅力。

每个人都在成长，这种成长是一个不断发展的动态过程。也许你在某种场合和时期达到了一种平衡，而平衡是短暂的，可能瞬间即逝，不断被打破。成长是无止境的，生活中很多东西是难以把握的，但是成长是可以把握的，这是对自己的承诺。

抑郁症、躁郁症正威胁着现代人，仍有许多人无法坦然面对。但有谁想得到，曾两度夺得香港电影金像奖最佳导演的尔冬升原来也曾受抑郁症的折磨。不过，他就是从那时开始才学会成长，从而一步步走向成熟，拍出了《旺角黑夜》这样成功的电影。

面对激烈的竞争、种种挑战和痛苦，我们唯一能做的就是迅速充实自己，成长起来，只有这样，才不会被困难和挑战击倒。

在逆境中学会成长，姑且看成是上天对我们"特别"的关

第一章　如果站不起来，我们跪着也要奔跑

怀，对我们的怜悯与施舍，我们也应做出成绩，做出榜样。在逆境中提升人格的力量，磨砺性格的力量，增强信念的力量，最后交织融合，升华自己生命的力量。

逆境不但不会把人打倒与压垮，反而能让人的潜能最大限度地迸发出来，创造出乎预料的奇迹。"文王拘而演《周易》；仲尼厄而作《春秋》；屈原放逐，乃赋《离骚》；左丘失明，厥有《国语》；孙子膑脚，兵法修列；不韦迁蜀，世传《吕览》；韩非囚秦，《说难》《孤愤》；《诗》三百篇，大抵圣贤发愤之所作也。"张海迪、霍金……他们都是在困难挫折面前，顽强奋发，自力更生，最终战胜磨难，实现了个人的价值。是啊！不经历风雨怎能见彩虹，"不经一番寒彻骨，哪得梅花扑鼻香"。逆境在某种程度上能造就我们的成功。

允许自己犯错，学会在逆境中成长，我们的羽翼会更加丰满，便能飞向天涯海角；我们的心胸会更加宽广，便能容纳百川，吸吮万千；我们的双臂会更加结实与厚重，便能承载千山万水、激流险滩。

人生的价值就是体会生活的乐趣

你要是在生活中找不到快乐，就绝不可能在任何地方找到它。寻找生活中的乐趣，可以将你的心思从忧虑上移开，让你的生活变得更加简单和舒适，甚至可以给你带来意外的惊喜。即使不这样，也可以把疲劳减至最少，并帮你享受自己的闲暇时光。

有位英国记者到南美的一个部落采访。这天是个集市日，当地土著人都拿着自己的物产到集市上交易。这位英国记者看见一个老太太在卖柠檬，5美分一个。

　　老太太的生意显然并不好，一上午也没卖出去几个。这位记者动了恻隐之心，打算把老太太的柠檬全部买下来，以便使她能"高高兴兴地早些回家"。

　　当他把自己的想法告诉老太太的时候，她的话却使记者大吃一惊："都卖给你？那我下午卖什么？"

　　人生最大的价值，就是体会生活的乐趣。爱迪生说："在我的一生中，从未感觉是在工作，一切都是对我的安慰……"然而，在职场中，像卖柠檬的老太太那样，对自己所从事的事业充满热情的人并不是太多，他们看不到生活的乐趣，只看到了生活中痛苦的一面。早上一醒来，头脑里想的第一件事就是：痛苦的一天又开始了……磨磨蹭蹭地挪到公司以后，无精打采地开始一天的工作，好不容易熬到下班，立刻又高兴起来，和朋友花天酒地之时总不忘诉说自己的工作有多乏味，有多无聊。如此周而复始，心情又怎会好起来呢？

　　工作是一个人幸福和快乐的源泉。卡尔文·库基说过："真正的快乐不是无忧无虑，不只是享受，这样的快乐是短暂的。缺少一份充满魅力的工作，你就无法领略到真正的快乐和幸福。"然而，现实中能领略到工作中的幸福和快乐的人却寥寥无几。

　　工作是一个人价值的体现，应该是一种幸福的差事，我们有什么理由把它当作苦役呢？有些人抱怨工作本身太枯燥，然而，问题往往不是出在工作上，而是出在我们自己身上。如果你能够

积极地对待自己的工作，并努力从工作中发掘出自身的价值，你就会像上文中的老太太一样，发现工作是一件非做不可的乐事，而不是一种惹人烦恼的苦役。

有本叫作《栽种希望，培育幸福的人》的书，书中有个法国人，他独自生活在法国东南部一块荒凉的土地上。他的生活很简单：每天都出去种树。

一年又一年，他不辞辛劳，就这样一粒粒地播种、栽树。

树开始长成森林，保存住了土壤里的水分，于是其他的植物也能够生长了，鸟儿们可以在这里筑巢了，小溪可以流淌了，这里又成了适合人类居住的绿洲。

临终前，他用自己的辛勤劳作，完全改变和恢复了他生活的地区的自然环境。原来逃离那里的人，又重新搬了回来，幸福地生活在这片土地上。

这是一个关于工作的意义和快乐的故事：每天努力工作，为自己也为他人栽种希望，培育幸福。我们从事的工作可能简单而普通，但可以为我们带来无尽的快乐和价值感。

曾经在美国费城的大楼上立起第一根避雷针、有着"第二个普罗米修斯"之称的富兰克林，说过这样一句话："我读书多，骑马少，做别人的事多，做自己的事少。最终的时刻终将来临，到那时我但愿听到这样的话'他活着对大家有益'，而不是'他死时很富有'。"

知道自己去哪里，全世界都会给他让路

　　不论你的出身如何，不论别人是否看得起你，首先你就要自己看得起自己。只有相信自己的价值，才能保持奋发向上的劲头。要知道，上帝没有偏见，从不会轻看卑微，你所做的一切他都看在眼里。

　　人类有一样东西是不能选择的，那就是每个人的出身。在现实生活中，我们常常遇到这样一群人，他们以自己穷困的出身来判定自己未来的生活道路，他们因自己角色的卑微而用微弱的声音与世界对话，他们总是因暂时的生活窘迫而放弃了儿时的绮丽梦想，他们还因为自己的其貌不扬而低下了充满智慧的头颅。

　　难道一个人出身卑微注定就会永远卑微下去吗？难道命运不是掌握在自己手中吗？实际上，即便一个人的身份卑微，上帝也不会轻看他，上帝偏爱的不是身份高贵的人，而是努力奋斗的人！所以，如果你出身卑微，那么努力奋斗吧，上帝一定会垂青你！

　　韩国贫民总统卢武铉1946年出生于韩国金海市郊的一个小村庄。卢武铉的父母都是农民，靠种植庄稼和桃子为生。他的故乡十分偏远贫穷，连村里人都说"即使乌鸦飞来这里，也会因没有食物而哭着飞回去"。

　　卢武铉曾经说过："在韩国政坛，如果你没有钱，或者没有势力，很难当上总统候选人，更别提获胜了，然而我，这两样都没有。"有人说，卢武铉的政治经历与美国前总统林肯十分相

似，对此，卢武铉也有同感。林肯是美国 200 多年历史上为数不多的贫民总统，他上任伊始就遇到美国南北冲突；而韩国的这位贫民总统卢武铉，则遇上了朝鲜核危机。

1968 年，卢武铉进入韩国陆军服兵役，34 个月后退役返乡。卢武铉知道自己学识不够，也知道家中没有钱供他读书，于是他开始自学法律。勤奋刻苦的他于 1975 年 4 月通过韩国第 17 届司法考试，由此开始了自己的律师生涯。

在卢武铉的律师生涯中，他始终为社会的公正而奋斗。1981 年，卢武铉勇敢地站出来，为 12 名被政府指控为"私藏禁书"的大学生辩护。因为此事，卢武铉有了些名气，被一些媒体称为"人权律师"。6 年后，卢武铉又因支持"非法罢工"而遭逮捕，并且被剥夺了 6 个月的律师权。但牢狱之苦激起了卢武铉通过从政实现自己政治抱负的信念。

1988 年，卢武铉步入政坛，当选为国会议员。自 1992 年起，卢武铉 3 次放弃了自己在汉城的优势选区，赴釜山进行议员和市长的竞选，结果接连 3 次饮恨釜山。一批选民被卢武铉的精神感动，自发成立了一个叫"爱卢会"的组织。该组织在民间迅速扩展，以至韩国上下掀起了一股支持卢武铉的热潮，被舆论称为"卢旋风"。凭借这股"卢旋风"，卢武铉顺利当选了议员和市长，之后又登上了总统宝座。

所以，一个人不能选择自己的出身，但可以选择自己的道路。只要踏上正确的人生之路，并能义无反顾地勇往直前，就一定能创造一番辉煌的业绩。

多年前的一个傍晚，一位叫皮埃尔的青年移民，站在河边发呆。这天是他 30 岁生日。但他不知道自己是否还有活下去的必要。

因为皮埃尔从小在福利院里长大，长相丑陋，身材也非常矮小，讲话又带着浓厚的法国乡下口音，因此他一直很瞧不起自己，认为自己是一个既丑又笨的乡巴佬，连最普通的工作都不敢去应聘，他没有家，也没有工作。

就在皮埃尔徘徊于生死之间的时候，与他一起在福利院长大的好朋友亨利兴冲冲地跑过来对他说："皮埃尔，告诉你一个好消息！"

皮埃尔一脸悲戚地说："好消息从来就不属于我。"

"你听我说，我刚刚从收音机里听到一则消息，拿破仑曾经丢失了一个孙子。播音员描述的相貌特征，与你丝毫不差！"

"真的吗，我竟然是拿破仑的孙子？"皮埃尔一下子精神大振。想到自己的爷爷曾经以矮小的身材指挥着千军万马，用带着科西嘉口音的法语发出威严的军令，他顿时感到自己矮小的身材同样充满力量，讲话时的法国口音也带着几分威严和高贵。

第二天一大早，皮埃尔便满怀自信地来到一家大公司应聘。结果，他竟然一应即聘。

10 年后，已成为这家大公司总裁的皮埃尔，查证了自己并非拿破仑的孙子，但这早已不重要了。

所以，每一个人都应该相信上帝是公平的，只是有时上帝会和人类开个小小的玩笑，会把那些聪慧的宠儿放在卑微贫困的人群中间，就像我们常把贵重的物品藏在家中最不起眼的地方一样，如此让他们远离金钱和权势，让他们从一出生就在黑暗的洞穴中徘徊，看不到光明，以此来作为对他们的考验。

上帝一定会青睐那些从黑暗中走出来的人——他们有着坚强的生存意识、果敢的斗志、不屈的傲骨和出众的天赋。他们必将会在某个有价值的领域脱颖而出。请相信命运的公正吧！一个人只要知道自己将到哪里去，那么全世界都会给他让路。

懒惰是一种精神腐蚀剂

懒惰是一种精神腐蚀剂。因为懒惰，人们不愿意爬过一个小山岗；因为懒惰，人们不愿意去战胜那些完全可以战胜的困难。

记得有位哲人说过："懒惰，像生锈一样，比操劳更能消耗身体——经常用的钥匙总是闪闪发亮的。"懒惰，不但让你一事无成，还会贻害无穷。

谁都知道，深海里氧气稀薄，但为了生存，很多动物不得不根据深海里的环境来进化自己，它们尽量减少活动或者干脆不动，长期蛰伏在一处，以减少身体对氧气的需求。所以，尽管深海里环境恶劣，还是有不少动物顽强地生存了下来。最近，美国的一家海湾水族馆研究所，由克雷格·麦克莱恩领导的一项研究发现，生活在深海里的动物渐渐减少，居然不是因为氧气的减少，而是因为氧气的增多。

在南加州海域，就因为移植了大量含氧海藻，而导致许多深海动物消失。人们以为含氧海藻能够改善深海动物的生存环境，没想到反而害了那些动物。因为含氧海藻是一种能够制造氧气的深海植物，是普通海藻造氧量的 100 倍。

照理来说，增加了氧气的深海对鱼类应该是一件有益的事，可是因为千百年来，那些长期蛰伏于一处不动的深海动物已经适应了缺氧的环境，突然有新鲜的氧气注入，便容易产生氧气中毒。不会氧气中毒的方法只有一个，那就是迅速改变原有的生活习惯，改静止为动态。只有不停地游动，才能够加速呼吸，让过量的氧气排出体外，这样，过量的氧气不但对它们构成不了威胁，反而会让它们更加具有活力。

所以，生活在深海中的动物很快便会分为两种：一种因为无法改变自己原有的"懒散"的生活习性而变得无所适从，甚至被"淘汰"了；而另一种则一改往日的静止而快速行动起来，因为适应了由大量氧气注入的新环境而变得"如鱼得水"。

克雷格·麦克莱恩最后得出结论：不是氧气害了那些深海动物，而是它们自己的懒惰习性。

对从事任何种类工作的人而言，懒惰都是一种堕落的、具有毁灭性的东西。懒惰、懈怠从来没有在世界历史上留下好名声，也永远不会留下好名声。只有多行动，依靠自己的辛勤劳动，才能创造美好未来。

20 世纪初叶，一个华人泥水匠在美国洛杉矶北部一条铁路附近建了一座很漂亮的塔。他在那里打工时认识了一个比他小 20 岁的黑人姑娘。他天天买甜饼给她吃，后来二人渐渐有了感情，黑人姑娘就嫁给了他。那块空荡荡的荒地就是他为她而买下的，住房像一个工棚，很简陋，但后院却很大。黑人妻子坚持要在后院修建一个游泳池，起初他依了她，但后来他还是不顾她的阻拦把游泳池拆了，要改建成一座塔。修塔的时候，他也说不上有什么目的。他发动自己的孩子和周围的儿童去捡碎酒瓶和破瓷片，然后他再粘贴在塔上。妻子认为建塔没有什么用，他不听，妻子就带着孩子们走了。他一个人每天一点一点地建，总共花了34年的时间，终于把塔建成了。

但最后他却走了，把房子、院子和塔都交给了邻居的老头儿看管。当地警长要拆毁这个塔，说它不安全，倒下来会砸伤人。可一位大学教授呼吁全社会保护那座塔，并请来了力学专家鉴定塔的安全性能。专家用10000磅的拉力也没有拉倒塔，证明塔是坚固的，于是作为重点文物保护下来，那位大学教授也因保护那座塔而声名远播。

世界上有很多的事情最初是看不出它的端倪的，就说那个泥水匠建的塔，他随意而建，毫无目的，于是，当他日积月累地建成了，塔就成了一种建筑艺术珍品，就成了珍贵的文化遗产。那位支持他的大学教授对那座塔进行过多年研究，并在三藩市找到了已78岁的建塔老人。大学教授把他请上讲台，要他给大学生做一次学术报告，讲讲当年建塔的原始冲动。他说："我当初建塔就像咳嗽一样地忍不住。"大学生们笑了，教授补充说：这是老先生的幽默，而我们应该领会到他所表达的一个真理，那就是艺术家都有最原始的创作冲动。

大凡灵感都像咳嗽一样忍不住，会产生一种原始的冲动，而将那种原始的冲动付诸实施，就会成就一件艺术珍品或者某种发明创造。当然，原始的冲动也是厚积薄发的，它来源于勤思与实践。一个懒惰的人，灵感是不会光顾他的。

懒惰是一种精神腐蚀剂。因为懒惰，人们不愿意爬过一个小山岗；因为懒惰，人们不愿意去战胜那些完全可以战胜的困难。因此，那些生性懒惰的人不可能在社会生活中成为一个成功者，他们永远是失败者。成功只会光顾那辛勤劳动的人们。

学会在艰难的日子里寻乐

人生常常浸泡在痛与苦中。一次次心痛，一道道伤痕，一遍遍泪水，洗不去人生的尘埃，抹杀不了命运中的艰辛。何必跟自己过不去，放平自己的心，搁浅自己的梦，把希望打折，把生命烘干，学会在艰难的日子里苦中寻乐！

托尔斯泰在他的散文名篇《我的忏悔》中曾经讲了这样一个有深刻含义的寓言故事：

一个男人被一只老虎追赶而掉下悬崖，庆幸的是他在跌落的过程中抓住了一棵生长在悬崖边的小灌木。

此时，他才发现，头顶上，那只老虎正虎视眈眈，低头一看，悬崖底下还有一只老虎，更糟的是，两只老鼠正忙着啃咬悬着他生命的小灌木的根须。

绝望中，他突然发现附近生长着一簇野草莓，伸手可及。于是，他拽下野草莓，塞进嘴里，自语道："多甜啊！"

生命进程中，当痛苦、绝望、不幸和畏难情绪向你逼近的时候，你是否也能顾及享受一下野草莓的味道？人生一世，能够快快乐乐开开心心过一生，相信这是每个人心中的一个梦。

然而，尼采却说："人生就是一场苦难。"的确，谁都无法让我们"心想事成，无忧无虑"地过一辈子，唯有"把黄连当哨吹——苦中作乐"，才能战胜忧愁，享受快乐。

戴维是饭店经理，他的心情总是很好。当有人问他近况如何时，他回答："我快乐无比。"

如果哪位同事心情不好，他就会告诉对方怎么去看事物好的一面。他说："每天早上，我一醒来就对自己说，戴维，你今天有两种选择，你可以选择心情愉快，也可以选择心情不好，我选择心情愉快。每次有坏事发生，我可以选择成为一个受害者，也可以先去面对各种处境。归根结底，你自己选择如何面对人生。"

有一天，戴维被三个持枪的歹徒拦住了。

歹徒朝他开枪。幸运的是发现较早，戴维被送进急诊室。经过 18 个小时的抢救和几个星期的精心治疗，戴维出院了，只是仍有小部分弹片留在他体内。

6 个月后，戴维的一位朋友见到他。朋友问他近况如何，他说："我快乐无比。想不想看看我的伤疤？"

朋友看了伤疤，然后问他当时想了些什么。戴维答道："当我躺在地上时，我对自己说有两个选择：一是死，一是活。我选择活。医护人员都很好，他们告诉我，我会死的。但在他们把我推进急诊室后，我从他们的眼神中读到了'他是个死人'。我知道我需要采取一些行动。"

"那么，你采取了什么行动？"朋友问。

戴维说："有个护士大声问我对什么东西过敏。我马上答道：'有的。'这时所有的医生、护士都停下来等我说下去。我深深吸了一口气，然后大声吼道：'子弹！'在一片大笑声中，我又说道：'请把我当活人来医，而不是死人。'。"

戴维就这样活下来了。

英国作家萨克雷有句名言："生活是一面镜子，你对它笑，它就对你笑；你对它哭，它也对你哭。"如果你把自己看成弱者、失败者，你将郁郁寡欢；如果你将自己看成强者，你将快乐无比。你可以快乐，只要你希望自己快乐。

古人讲："不知生，焉知死？"不知苦痛，怎能体会到快乐？痛苦就像一枚青青的橄榄，品尝后才知其甘甜。品尝橄榄容易，品尝生活中的痛苦，这需要勇气！

迎着风浪去远航

如果你拥有一颗积极向上、勇于攀登的心，就能够在逆境中找到快乐。即使再大的风浪，我们也能扬帆远航。

17世纪法国启蒙哲学家卢梭曾经说过："一个真正了解幸福的人，无论什么样的打击都无法使他潦倒。"美国小说家马克·吐温也曾说过："人生在世，必须善处逆境，万不可浪费时间，作无益的烦恼，最好还是平心静气地去办事，想出补救的办法来。辛勤的蜜蜂，永远没有时间悲哀。杰出的人们，会在逆境中磨砺意志，卧薪尝胆，厉兵秣马，展现非凡的人生风采。"

在现实生活中，假如你没有被逆境所吓倒，反而以乐观的态

度，把它们想象成理所当然的，那么，你就极有可能把逆境变成顺境。

只要按乐观的方法去做，你的生活就会变得欢乐无穷了。

而在困境中，除了乐观之外，我们还须得有征服困难的坚强意志。没有这种意志的人们常常浸泡在痛苦中。一道道伤痕，一次次心痛，一遍遍泪水，让他们自怨自怜悲叹不已，丧失了做人的斗志。

幸福来源于我们自己，不幸是命运强加给我们的。战胜命运，就是我们的幸福，没有战胜命运，就是我们的不幸。许多逆境通常是好的开始。有人在逆境中成长，也有人在逆境中跌倒，其中的差别，就在于我们如何看待？硬是在地上赖着，爬不起来的人，注定只能继续哭泣，而能立刻站起来的人却能成就更好的自己。幸福是甘美的，如同一杯美酒，越陈越醉人，也越容易被人喝干。

而且，逆境会让人变得更深刻，顺境却容易让人变得浅薄。霍兰德说："在黑暗的土地上生长着最娇艳的花朵，那些最伟岸挺拔的树林总是在最陡峭的岩石中扎根，昂首向天。"

人生中，并不是每一次不幸都是灾难，其实，早年的逆境通常是一种幸运。与困难做斗争不仅磨炼了我们的意志，也为日后更为激烈的竞争准备了丰富的经验。

有的时候，顺境会变成一个陷阱，因为身处顺境的人很容易为眼前的景致所迷惑而失去危机意识，历史上人生一帆风顺而最后身遭其祸的人举不胜举。在逆境中，有的人自杀，有的人疯狂，也有的人化作不死鸟，涅槃后而重生，从他身上发出的光照亮了世间各个角落。

无论多大的苦难，多大的风浪，也无法磨掉我们的斗志，无法抹杀我们与命运搏斗做出的努力。只有在逆境中我们才能真正了解快乐与幸福是什么！只有在逆境中我们才能真正正视自我！只有在逆境中我们才能真正获得快乐与幸福！

一个热爱生活的人，必定善于面对生活中的逆境。或许，对于那些经历了许多风风雨雨的人来说，可以深刻体味出其中的滋味——在风浪中起航，更能体验到快乐！

凭自己的努力创造命运

不论过去的我们有着如何不堪的经历，上帝依然爱我们，因为他给予我们的每一天都是崭新的。

位于新泽西州市郊的一座古老小镇上，教学楼最里面一间光线昏暗的教室里，26个孩子被编在同一个班。这些个孩子都有过不光彩的历史：有人进过管教所，有人吸过毒。家长对他们束手无策，老师和学校也几乎对他们失去了信心。

这个时候，一个叫腓娜的女教师被安排担任这个班的辅导老师。新学期开学头一天，腓娜没有像以前的老师那样，首先对这些孩子训斥一顿，给他们来个下马威，而是给孩子们出了一道题：

有这样3个候选人，他们分别是——

A：迷信巫医，嗜酒如命，有多年的吸烟史。

B：曾经两次被从办公室赶出来，每天要到吃午饭时才起床，每个晚上都要喝将近1升的白兰地，而且曾经吸食过鸦片。

C：曾获国家授予的"战斗英雄"称号，有良好的素食习惯，有艺术天赋，偶尔喝点酒，青年时代从没做过违法的事。

腓娜给大家的问题是：

"倘若我告诉你们，在上面这3人中间，有一位会成为名垂青史的伟人，你们认为最可能是谁？猜想一下，这3个人将来可能会有怎样的命运？"

对于第一个问题，可以想象，孩子们一致把票投给了C；第二个问题，大家也几乎一致认为：A和B将来肯定不会有好的结局，要么成为人人唾弃的罪犯，要么成为需要社会照顾的寄生虫。而C呢，必定是一个品德高尚的人，肯定会成为伟大的人物。

然而，腓娜的答案却大大出乎孩子们的意料。"你们的结论也许符合一般的判断，"她说，"但实际上，你们都错了。这3个人大家都不陌生，他们是二战时期的3个大名鼎鼎的人物——A是富兰克林·罗斯福，他身残志坚，是美国历史上唯一一位连任四届总统的伟大人物；B是温斯顿·丘吉尔，拯救了英国的著名首相；C的名字同学们也很熟悉，他是阿道夫·希特勒，一个夺去了几千万无辜生命的法西斯头目。"孩子们都听得目瞪口呆，简直不敢相信自己的耳朵。

"孩子们，"腓娜继续说，"你们的人生才刚刚迈出第一步，过去的错误和耻辱只能说明过去，真正能代表人一生的，是他现在和将来的作为，没有人会是完人，连伟人也会犯错。走出旧日的阴影吧，从今天开始，努力做自己最想做的事情，你们都将成为人人景仰的杰出人才。"

腓娜的这番讲话，使26个孩子一生的命运得以改变。多年以后，这些孩子都已长大成人，他们中有的做了法官，有的做了心理医生，有的当了飞机驾驶员。值得一提的是，当年班里那个最爱调皮捣蛋的小个子罗伯特·哈里森，现在已经成了华尔街最年轻的基金经理人。

"原来我们都觉得自己已经无药可救，因为几乎所有的人都这样看我们。是腓娜老师第一次让我们认清这一点：过去并不是最重要的，重要的是如何把握现在和将来。"孩子们长大后这样说。

命运并非机遇，而是一种选择；我们不该期待命运的安排，必须凭自己的努力创造命运。

永不知足才能与成功握手

蔡志忠说："我用10年的时间名满天下，赚了1000万。倘若重新给我选择的机会，我只用这10年去看看高山，听听流水，别的什么也不做。"王蒙说："我更倾向未成名前简简单单的读书生活。"体验了世间百味，经历了无数荣誉与挫折，阅尽了天下事，成功之后总要归于平淡。

然而，更多的人并没有成功过，却也叫着平平淡淡才是真，这就有点儿自欺欺人了。不成功却喊着追求平淡，其实是无能的

一种托词。每个人来到世间时，他只是一张白纸。而后漫漫岁月间，他所做的一切便是尽可能地为这张白纸增添尽可能多的色彩，一幕绚丽的彩画才是我们最圆满的结局。那些饱尝世上滋味的成功者早已将他的人生画卷涂抹得色彩斑斓，他们归于平静的原因只是想静下心来做一些最后的修改。或许是真的有些倦了，一旦休息时，他会觉得很是惬意，于是便说出了上面的话语。但是倘若真的让时光倒转，大概蔡志忠依旧会不懈地画他的漫画，王蒙仍然会不倦地做他的文章。

将生活变得更丰富、更有意义、更有价值。体验成功的喜悦，这是每个人最基本的愿望。

虽然，成功意味着痛苦，意味着超人的付出，意味着这样或那样的代价……但只有这样，我们才能真正体验到生活的原味，才能使生活中的甜愈甜、苦愈苦、涩愈涩，才能真正地了解生活。

中国有句古语，叫作"知足者常乐"。这句话用在养生上尚有一定道理：你看，"知足常乐"，常知足就常常乐，常常乐就常知足。天天乐呵呵的人，那身体自然也就会好。但这句话用在人的发展上，却是大大的谬误。

因为知足，人们容易满足现状，小富即安、不思进取；因为知足，人们便很容易放弃拼搏与努力，也就失去了继续攀登高峰的动力，不求上进。

克利夫兰曾两度出任美国总统，可他刚开始时只不过是一名商店的售货员，如果当时他满足于现状，以为当好一名站柜台的售货员能够养家糊口便足矣，那么他不可能成为美国总统。

世界钢铁大王安德鲁·卡内基出身贫寒，他刚进入企业界时只不过是一名锅炉工，如果他仅仅满足于烧好锅炉，当好锅炉工，那他至多不过是一名称职的锅炉工，不可能成为世界钢铁大王。

福特是一名农庄主的儿子，他的父亲希望他成为一名农民，然而不满足于现状的他却身无分文地跑到了城市里闯世界，经过一番拼搏，终于创立了他的福特王国。

奥里森·马登说过："如果一个青年人的境遇不逼迫他工作，让他感到生活上的不满足，那么他就不会再努力奋斗。"这句话真是精辟。大凡成功人士，无不从"不知足"开始起步。人生对他们来说就是攀登一个又一个的高峰，实现一个又一个一级比一级高的目标的过程。

福特就是一个永不知足的人，在他的领导下，福特汽车不断进行技术创新，开创了福特汽车王国。

在汽车制造史上，流水作业是工业生产的一项创造性的革命，它是提高生产速度的必由之路，也是福特创造性的眼光带来的飞跃。

福特对汽车制造永不满足，在短短的几年时间里，福特不断改进设计，先后生产出 A、B、C、F、K、N、R、S 八种车型，从两缸到六缸，从八马力到四马力，从有篷到无篷，可以说是做了很大的努力。

当时，福特汽车的质量已经达到一定水准。但是，福特并未陶醉于已经取得的成功，他的追求是无限的。

有一天，福特告诉他的属下："我在想汽车生产的规格化、

标准化……"

"什么是规格化、标准化？"

"如果福特汽车外形、颜色完全统一，这样，买主维修、保养就方便多了，他们也会愿意买我们的车。"

福特不久又有了新构想，他说："公司只是等顾客上门或是由人员销售，市场有限得很，我们可以通过邮局开展邮购业务……"

订单不断地涌来，有时一天就接到1000多份订单。订单之多不仅使销售人员招架不住了，生产人员也撑不住了。

仅仅一年时间，T型车就销售6000辆，除去一切宣传费用，净利比过去5年还高出200余万元！

福特汽车的大量销售，达到了供不应求的地步。福特汽车再原地踏步，已无法适应新的市场需求。

福特决定扩建工厂，他在底特律海兰德公园购买了一块60英亩的土地，由年轻有为的建筑设计师阿尔巴顿·康负责设计工作。福特指示：新厂房要设计成屠宰业生产线的模式，实行流水作业。

工厂建成以后，工人的生产速度大为增加，福特创造了93分钟生产一辆汽车的新纪录。新厂房竣工之际，由于T型车销售量成倍地增长，只好又把新厂扩大了一倍。T型车自1908年至1927年19年间，一共生产了1500万辆，曾一度占领了68%的世界汽车市场。

福特开始被视为卓越的成功者。他也为自己的成功感到无限喜悦，但他并不满足于此、陶醉于此。他从自己的成功经历中悟出"不停追求，才能不断进取"的真谛。福特迅速成功地进行了从技术设备到员工管理的工业生产革命，从而使他的名字响彻世界。同时，他在汽车界的影响范围在无限扩大，他几乎成了业界的典范人物。

永不知足，人们才会在实现或达到一个目标以后，给自己制定下一个更高的追求目标，这样才能拥有不畏艰难敢于拼搏的不竭动力，使成功成为可能；永不知足，人们才会在近期目标达到之后，为自己再制定下一个远期的、更高的目标；永不知足的人，他的意志、品格、力量和决心在不断的拼搏和奋斗中，得到了不断的锻炼和升华。

永不知足是否定过去，展望未来，勇往直前地立足现在，挑战未来；永不知足是否定现状，不拘泥于旧事物的约束，勇敢地追求更美好的未来，不安于现状，不满足于现状，不停滞于现状。只有永不知足，才能与成功握手。

敢做就会有收获

其实人世间好多事情，只要敢做，多少会有收获。尤其是在困境中，如果能拿出视死如归的勇气，勇于行动，必能化险为夷，任何困难都将迎刃而解。

在非洲的塞伦盖蒂大草原上，每年夏天，都有上百万只角马从干旱的塞伦盖蒂北上迁移到马赛马拉的湿地，这群角马正是大迁移群中的一部分成员。

在这艰辛的长途跋涉中，格鲁美地河是唯一的水源。这条河与迁移路线相交，对角马群来说既是生命的希望，又是死亡的象征。因为角马必须靠喝河水维持生命，但是河水还滋养着其他生命，例如灌木、大树和两岸的青草，而灌木丛还是猛兽藏身的理想场所。冒着炎炎烈日，口渴的角马群终于来到了河边，狮子突然从河边冲出，将角马扑倒在地。角马群扬起遮天的尘土，挡住了离狮子最近的那些角马的视线，一场厮杀在所难免。

在河流缓慢的地方，又有许多鳄鱼藏在水下，静等角马到来。有时湍急的河水本身就是一种危险。角马群巨大的冲击力将领头的角马挤入激流，它们若不是淹死，就是丧生于鳄鱼之口。

这天，角马们来到一处适于饮水的河边，它们似乎对这些可怕的危险了如指掌。领头的角马慢慢地走向河岸，每头角马都犹犹豫豫地走几步，嗅一嗅，叫一声，不约而同地又退回来，进进退退像跳舞一般。它们身后的角马群闻到了水的气息，一齐向前挤来，慢慢将"头马"们向水中挤去，不管它们是否情愿。角马群已经有很长时间没饮过水，你甚至能感觉到它们的绝望，然而舞蹈仍然继续着。

过了3小时，终于有一只小角马"脱群而出"，开始饮水。为什么它敢于走入水中，是因为年幼无知，还是因为渴得受不了？那些大角马仍然惊恐地止步不前，直到角马群将它们挤到水里，才有一些角马喝起水来。不久，角马群将一头角马挤到了深水处，它恐慌起来，进而引发了角马群的一阵骚乱。然后它们迅速地从河中退出，回到迁移的路上。只有那些勇敢地站在最前面的角马才喝到了水，大部分角马或是由于害怕，或是无法挤出重围，只得继续忍受干渴。

每天两次，角马群来到河边，一遍又一遍地重复着这仪式。一天下午，一小群角马站在悬崖上俯视着下面的河水，向上游走100米就是平地，它们从那里很容易到达河边。但是它们宁可站在悬崖上痛苦地叫，却不肯向着目标前进。

生活中的你是否也像角马一样？是什么让你藏在人群之中，忍受着对成功之水的渴望？是对未知的恐惧，害怕潜藏的危险？还是你安于平庸的生活，放弃了追求？大多数人只肯远远地看着别人成功，自己却忍受干渴的煎熬。不要让恐惧阻挡你前进，不要等待别人推动你前进。只有勇于冒险的人才可能成功。要知道，成就和风险是成正比的。世界上很少有报酬丰厚却不要承担任何责任的便宜事。怕担风险，只会让自己和成功无缘。

苹果电脑公司是闻名世界的企业。大家只知乔布斯是苹果电脑创办人，其实30年前，他是与两位朋友一起创业的，其中一名叫惠恩的搭档，人称美国最没眼光的合伙人。

惠恩和乔布斯是街坊，大家都爱玩电脑，两人与另一朋友合作，制造微型电脑出售。这是又赚钱又好玩的生意，三个人十分投入，并且成功制造出"苹果一号"电脑。在筹备过程中，用了很多钱。这三位青年来自中下阶层家庭，根本没有什么资本可言，大家四处借贷，请求朋友帮忙，惠恩只筹得1／10的资本。不过，乔布斯没有怨言，仍成立了苹果电脑公司，惠恩也成为小股东，拥有1／10的股份。

"苹果一号"以660美元出售，原本以为只能卖出一二十台，岂料大受市场欢迎，总共售出150台，收入近10万美元，

扣除成本及债项，赚了 4.8 万美元，惠恩只分得 4800 美元，但当时已是一笔丰厚的回报。不过，惠恩没有收到这笔红利，只是象征性地拿了 500 美元作为工资，甚至连那 1/10 的股份也不要，急于退出苹果电脑。

苹果电脑后来发展成超级企业，如果惠恩当年就算什么也不做，单单继续持有那 1/10 股权，今时今日，应该有 8 亿~10 亿美元的身家。事实上，乔布斯的另一位搭档，也是凭股份成为亿万富翁的。

为什么惠恩当年愿意放弃一切？原来他很怕乔布斯，因为对方太有野心了。后来他向传媒说："为什么我要马上离开苹果公司，要回 500 美元就算了？因为我怕乔布斯太过激进，日后可能会令公司负上巨额债项，那时我也要替公司负上 1/10 的责任！"转念间，惠恩终生与财富绝缘，错失了让自己成功的机会。

勇气是人生的发动机，勇气能创造奇迹，勇气能战胜一切困难。试想，如果我们事事都能拿出破釜沉舟的勇气和决心，那么世间还有什么困难而言！

第二章

只要你努力到了，美好就会如期而至

没有梦想的世界是黑暗的

美国一位哲人曾这样说过："很难说世上有什么做不了的事，因为昨天的梦想，可以是今天的希望，并且还可以是明天的现实。"梦想是什么呢？梦想是对美好未来的向往与追求，它在我们的生命中是不可或缺的。没有泪水的人，他的眼睛是干涸的；没有梦想的人，他的世界是黑暗的。

梦想对一个人是很重要的，一个没有梦想的人，就像断了线的风筝一样，没有任何的方向和依靠，就像大海中迷失了方向的船，永远都靠不了岸。只有梦想可以使我们有希望，只有梦想可以使我们保持充沛的想象力和创造力。要想成功，必须具有梦想，你的梦想决定了你的人生。

一位成功人士回忆他的经历时说："小学六年级的时候，我考试得了第一名，老师送我一本世界地图，我好高兴，跑回家就开始看这本世界地图。很不幸，那天轮到我为家人烧洗澡水。我一边烧水，一边在灶边看地图，看到一张埃及地图，想到埃及很好，埃及有金字塔，有埃及艳后，有尼罗河，有法老王，有很多神秘的东西，心想长大以后如果有机会我一定要去埃及。

"我正看得入神的时候，突然有人从浴室冲出来，胖胖的，围一条浴巾，用很大的声音跟我说：'你在干什么？'我抬头一看，原来是我爸爸。我说：'我在看地图！'爸爸很生气，说：'火都熄了，看什么地图！'我说：'我在看埃及的地图。'我爸爸跑过来'啪、啪'给我两个耳光，然后说：'赶快生火！看什么埃及地图！'打完后，踢我屁股一脚，把我踢到火炉旁边去，用很严肃的表情跟我讲：'我跟你保证，你这辈子不可能到那么遥远的地方！赶快生火！'

"我当时看着爸爸，呆住了，心想：'我爸爸怎么给我这么奇怪的保证，真的吗？我这一生真的不可能去埃及吗？'20年后，我第一次出国就去埃及，我的朋友都问我：'到埃及干什么？'那时候还没开放观光，出国是很难的。我说：'因为我的生命不要被保证。'于是我就自己跑到埃及旅行。

"有一天，我坐在金字塔前面的台阶上，买了张明信片寄给我爸爸。我写道：'亲爱的爸爸：我现在在埃及的金字塔前面给你写信。记得小时候，你打我两个耳光，踢我一脚，保证我不能到这么远的地方来，现在我就坐在这里给你写信。'写的时候我的感触很深。我爸爸收到明信片时跟我妈妈说：'哦！这是哪一次打的，怎么那么有效？一脚踢到埃及去了。'"

俄国文学家列夫·托尔斯泰说："梦想是人生的启明星。没有它，就没有坚定的方向；没有方向，就没有美好的生活。"

梦想能激发人的潜能。心有多大，舞台就有多大。人是有潜力的，当我们抱着必胜的信心去迎接挑战时，我们就会挖掘出连自己都想象不到的潜能。如果没有梦想，潜能就会被埋没，即使有再多的机遇等着我们，我们也可能错失良机。

有了梦想，你还要坚持下去，如果半途而废，那和没有梦想的人也就没有区别了。如果你能够不遗余力地坚持，就没有什么可以阻止你的理想的实现。

梦想是前进的指南针。因为心中有梦想，我们才会执着于脚下的路，坚定自己的方向不回头，不会因为形形色色的诱惑而迷失方向，更不会被前方的险阻而吓退。

一分耕耘，一分收获

"吃饭是为了活着，但活着绝不是为了吃饭。"这句话告诉我们：人生需要一个鲜明的意义。有的人追求爱情，为爱情百折不回、无怨无悔；有的人追求金钱，为金钱殚精竭虑、夙兴夜寐；有的人追求友情，为朋友两肋插刀、赴汤蹈火；有的人追求名誉，为名誉立身持正、两袖清风……

人生在世都有所追求，追求本身便是自己给自己设立的人生意义。倘若没有追求、没有渴望，人生就如同嚼蜡，缺少滋味。星云大师说："成功有成功的条件，想成功必须先建立良好的观念，否则就可能差之毫厘，谬以千里。"所谓良好的观念有很多，比如"一分耕耘，一分收获""只求付出，不求回报""有志者事竟成"……每一种观念的确立，其实都是一条指向人生意义的路径。

子曰："不曰'如之何，如之何'者，吾未如之何也已矣！"这句话的意思是，一个不说"怎么办？怎么办"的人，我真不知道他该怎么办了。如果一个人对任何事情都不多加思索，不想寻找解决困难的方法，不想得到问题的答案，只是糊里糊涂地"做一天和尚撞一天钟"，那么就连孔子这样的圣人都不知道该如何开导他了。

作家毕淑敏在某所大学做演讲时，不断有学生递上字条提出自己的疑问。字条上提得最多的问题是——"人生有什么意义？请你务必说实话，因为我们已经听过太多言不由衷的假话了。"

　　她把这个问题读了出来，并说："你们今天提出这个问题很好，我会讲真话。我在西藏阿里的雪山之上，面对着浩瀚的苍穹和壁立的冰川，如同一个茹毛饮血的原始人，反复地思索过这个问题。我相信，一个人在他年轻的时候是会无数次地叩问自己：'我的一生，到底要追索怎样的意义？'我想了无数个晚上和白天，终于得到了一个答案。今天，在这里，我将非常负责地对你们说，我思索的结果是：人生是没有任何意义的！"

　　这句话说完，全场出现了短暂的寂静，但紧接着就响起了暴风雨般的掌声。这可能是毕淑敏在演讲中获得的最热烈的掌声。在以前，她从来不相信果真有"暴风雨"般的掌声，她觉得那只是一个拙劣的比喻。但这一次，她却亲耳听到了。虽然她做了一个"暂停"的手势，但掌声还是延续了很长时间。

　　等掌声渐止，毕淑敏接着说道："大家先不要忙着给我鼓掌，我的话还没有说完。我说人生是没有意义的，这不错。但是，我们每一个人要为自己确立一个意义！是的，关于人生意义的讨论，充斥在我们的周围。很多说法，由于熟悉和重复，已让我们从熟视无睹滑到了厌烦，可是这不是问题的真谛。真谛是，别人强加给你的意义，无论它多么正确，如果它不曾进入你的心理结构，它就永远是身外之物。例如，我们从小就被家长灌输过人生意义的答案。在此后漫长的岁月里，谆谆告诫的老师和各种类型的教育，也都不断地向我们批发人生意义的补充版。但是有多少人把这种外在的框架当成自己内在的标杆，并为之下定了奋斗终生的决心？"

"人生是没有意义的，但你要为之确立一个意义。"这是何其朴素又何其深刻的道理！人生需要我们为之确立一个意义。生活若缺少了意义，就缺少了乐趣，一个人就会变得浑浑噩噩，感到空虚和麻木。给人生一个鲜明的意义。这个意义，要经得起时间的考验，随着时间的流逝，你不会为之感到后悔；这个意义，能赶走生命的颓废和空虚，带来愉快和欣喜；这个意义，能永远璀璨、不会变质，值得为之舍弃很多其他东西。一般来说，这个意义若要无悔，必定与感情有关，与金钱无关，人生的意义，必须包含一些精神上的寄托，如此才能感到生命无悔。

有信仰就有力量

这是一个发生在美国内战期间最奇特的故事。

那个时候的艾迪太太认为生命中只有疾病、愁苦和不幸。她的第一任丈夫，在他们婚后不久就去世了，她的第二任丈夫又抛弃了她，和一个已婚妇人私奔，后来死在一个贫民收容所里。她只有一个儿子，却由于贫病交加，不得不在孩子 4 岁那年就把他送走了。她不知道儿子的下落，整整 31 年都没有再见到他。

她生命中戏剧化的转折点，发生在马萨诸塞州的林恩市。一个很冷的日子，她在城里走着的时候，突然滑倒了，摔倒在结冰的路面上，而且昏了过去。她的脊椎受到了伤害，她的身体不停地痉挛，甚至医生也认为她活不久了。医生还说，即使是奇迹出现而使她能活下来的话，她也绝对无法再行走了。

躺在一张看起来像是送终的床上，艾迪太太打开她的《圣经》。她读到马太福音里的句子："有人用担架抬着一个瘫子到耶稣跟前来，耶稣就对瘫子说：'孩子，放心吧，你的罪被赦免了。起来，拿你的褥子回家去吧。'那人就站起来，回家去了。"

她后来说，这个故事使她产生了一种信仰，一种能够医治她的力量，使她立刻下了床，开始行走。

"这种经验，"艾迪太太说，"就像引发牛顿灵感的那个苹果一样，使我发现自己怎样的好了起来，以及怎样的也能使别人做到这一点。我可以很有信心地说：'一切的原因就在你的思想，而一切的影响力都是心理现象。'"

这不是神话，也不是偶然。我们活得愈久，就愈深信思想的力量。生命中总有一些转折点，抓住这样一个转折点，我们的人生就会有突破和进展。

给自己一个信仰，你的生活就会多一分希望。

做自己想做的事情

生命的真正意义在于能做自己想做的事情。如果我们总是被迫去做自己不喜欢的事情，永远不能做自己想做的事情，我们就不可能拥有真正幸福的生活。可以肯定，每个人都可以并且有能力去做自己想做的事，想做某种事情的愿望，这本身就说明你具备相应的才能或潜质。

为了生存，或许你不得不做自己不愿意做的事情，而且似乎已经习惯了在忍耐中生活。拿出你的魄力，做你想做的事情，放飞你心灵的自由鸟吧。

"知人者智，自知者明。"无论有多么困难，我们都应该找到自己内心深处真正需要的东西。甘愿迷失方向的人，他永远也走不出人生的十字路口；只有那些不愿随波逐流、不甘被陈规束缚的人，才有勇气和魄力解除捆绑自己身心的绳索，找到自己想做的事情，并从中享受幸福的感觉。

冲破世俗的罗网，冲破内心的矛盾，真实地做一次自由的选择吧。生活本没有那么多的拘束，只是你自己不愿意改变现状，甘于这种无奈而已。

做自己想做的事情，这也是人生一大快事！

当然，做自己想做的事情在一定程度上要取决于你是否具备该行业所要求的特长。

没有出色的音乐天赋，很难成为一名优秀的音乐教师；没有很强的动手能力，就很难在机械领域游刃有余；没有机智老练的经商头脑，也很难成为一名成功的商人。

但是，即使你具备某种特长，并不能保证你就一定能够成功。有些人具有非凡的音乐天赋，但是，他们一生却从未登上大雅之堂；有些人虽然手艺高超，却未能过上富裕的生活；有些人具有出色的人际交往和经商能力，但他们最终却是失败者。

在追求成功和致富的过程中，人所拥有的各种才能如同工具。好的工具固然必不可少，但是能否正确地使用工具同样非常重要。有人可以只用一把锋利的锯子、一把直角尺、一个很好的刨子做出一件漂亮的家具，也有人使用同样的工具却只能仿制出一件拙劣的产品，原因在于后者不懂得善用这些精良的工具。你虽然具备才能并把它们作为工具，但你必须在工作中善用它们，充分发挥其作用，方能天马行空，来去自由。

当然，如果你拥有某一个行业所需要的卓越才能，那么，你从事这个行业的工作，会比别人有更多的自由度。一般说来，处在能够发挥自己特长的行业里，你会干得更出色，因为你天生就适合干这一行。但是，这种说法具有一定的局限性。任何人都不应该认为，适合自己的职业只能受限于某些与生俱来的资质，无法做更多的选择。

做你想做的事，你将能获得最大的自由感。做你最擅长的事，并且勤奋地工作，当然这是最容易取得成功的。

如果你具有想做某件事情的强烈愿望，这本身就可以证明，你在这方面具有很强的能力或潜能。你所要做的，就是去正确地运用它，并且去巩固和发展它。

在其他所有条件相同的情况下，最好选择进入一个能够充分发挥自己特长的行业。但是，如果你对某个职业怀有强烈的愿望，那么，你应该遵循愿望的指引，选择这个职业作为你最终的职业目标。

做自己想做的事情，做最符合自己个性、令自己心情愉悦的事情，这是所有人的共同欲求。

谁都无权强迫你做自己不喜爱的事情，你也不应该去做这样的事情，除非它能帮助你最终获得自己所求的结果。

如果因为过去的失误，导致你进入了自己并不喜爱的行业，处在不如意的工作环境中，在这种情况下，你确实不得不做自己并不想做的事情。但是，目前的工作完全有可能帮助你最终获得自己喜爱的工作，认识到这一点，看到其中蕴藏的机遇，你就可以把从事眼下的工作变成一件同样令人愉悦的事情。

如果你觉得目前的工作不适合自己，请不要仓促换工作。通常说来，换行业或工作的最好方法，是在自身发展的过程中顺势而为，在现有的工作中寻找改变的机会。当然，如果一旦机会来临，在审慎的思考和判断后，就不要害怕进行突然的、彻底的变化。但是，如果你还在犹豫，还不能得出明确的判断，那么，等条件成熟了，自己觉得有把握了再行动。

立志不坚，终不济事

我们常说的"燕雀安知鸿鹄之志"的典故出于《史记·陈涉世家》。

陈胜是阳城人（今郑州登封）。他年轻时是个雇工，给人耕田种地，长年累月像牛马一样受苦受罪，心里很是不平。有一天，在耕地中途他忽然停下手来，走到田垄上，握拳作势，怅然愤恨了许久，然后对伙伴们说："要是将来谁富贵了，彼此都不要忘掉。"伙伴们笑着回他说："你是个雇佣耕田工，哪里会有什么富贵呢？"陈胜叹息道："唉，燕雀安知鸿鹄之志哉（燕子、麻雀这些小鸟哪里能理解大雁和天鹅的志向啊）？"这个故事表明了秦末农民起义领袖陈胜年少时就有像大鸟鹏程万里的远大志向。

所以说，确立远大的志向对于我们的人生具有重要的意义。志向作为一种价值目标，它能够激发人们的意志和激情，产生一种强大的精神动力，鼓励人们以积极、主动、顽强的精神投身于生活，对人生抱有积极向上的进取精神和乐观态度。

在我国历史上，那些人民英雄、民族英雄都是具有远大志向的人。

夏禹为了治水，九年在外，三过家门而不入。

秦国李冰父子为了解决成都盆地的洪涝灾害，带领百姓治水，克服了无数困难，建成了闻名于世的都江堰。

汉代的霍去病，为了国家的安宁，长期驻守在边关，坚持抵御匈奴的侵略，在戎马中度过了自己的一生。当击退了匈奴的入侵，汉武帝准备给他大盖府第以酬报他的功绩时，他却说："匈奴未灭，何以为家？"

南宋末年的文天祥曾说："人生自古谁无死？留取丹心照汗青。"

南宋的名将岳飞，离别妻母，转战疆场，为了挽救国家的危亡，最后和自己的儿子岳云一起被奸佞害死在风波亭上。

清代民族英雄林则徐，坚持抵御英殖民主义的侵略，直至被充军到新疆后，仍不灰心，一直没有忘记外国列强对我国的侵略，并在边疆和当地百姓一起修水利，栽葡萄，为人民造福。

志向，是人生前进的目标和导航的灯塔，是鼓舞人们去努力

拼搏的动力。南宋哲学家朱熹说："大丈夫不可无气概""立志不坚，终不济事"。他在批评当时庸俗的社会风尚时，说道："今人贪利禄，而不贪道义，要做贵人，不做好人，皆是志不立之病。"北宋文学家苏轼指出："天下未有有其志而无其事者，亦未有无其志而有其事者。事因志立，立志则事成。"

幸福来源于为成功而奋斗，而成功的首要前提是立志，立下远大而实际的志向。所以说，立志和人生的幸福是紧密联系的。每个人毕生都会思考这样一个问题：人生的价值是什么？如何生活才是幸福？其实，一个人只要树立了远大的志向，他就会把远大志向的实现，视为人生的价值和幸福。

卡耐基认为，远大志向是对幸福的憧憬、向往和追求，幸福是远大志向的实现。志向的实现是令人神往的，是幸福的，而对志向的追求则能唤起人们的极大热忱，获得精神上的充实感，这本身也是一种幸福。所以，无数仁人志士为了追求和实现远大的奋斗目标，甘愿承担艰难困苦，他们从来都不会放弃，从来都不会绝望，他们以苦为乐，对生活始终抱着极大的希望。而那些没有远大志向的人，终日浑浑噩噩地生活，白白地浪费自己的一生。在他们的生活中也许没有多大的痛苦，但他们也不会有真正的幸福。

立志就先学会收放心。一个人清心寡欲，矢志不渝，这是人心向上的最好状态。然而在当今时代，人心容易浮躁，容易受声色犬马的诱惑，东追西逐，不知所至。这样的追求不再是美好的，反而犹如发狂的牲口，放逐于名疆利场。

立志，当然不能立歪志。中国古代讲修齐治平就表现出传统文化对于志的基本要求，就是要利国、利民、利天下。我们立定志向要有所为，而有所不为。面对滔滔人海，我们不能人云亦云，不盲从，敢于相信真理，相信自己的志向。虽千万人，吾往矣，这才是真正的鸿鹄之志！

那些倒在失败与挫折中的人，不是没有志向，只是他们没有坚持志向；那些在潦倒中绝望的人，不是因为他的志向太小，要知道他们也曾立下鸿鹄之志，但如果没有坚持下去，无论再大的志向也只是一场幻想；而那些志向坚定的人，无论他们的志向是小是大，那也是真正的"鸿鹄之志"！

相信自己一定会成功

人生总会有高低起伏，不会有永远处于低谷的人生，也不会有永远兴盛的家世，处于困顿中的人一样要抱持这样一种信念，要相信自己总有一天会成功。

张海迪 1955 年出生于山东省文登县，小的时候，她很聪明、活泼。可 5 岁那年，她突然得了一种奇怪的病，胸部以下完全失去了知觉，生活不能自理了。为了治好病，她不知道做了多少次手术，但最终也没治好她的病。医生们都认为，像张海迪这么小的高位截瘫患者，一般很难活到成年。

面对死神的威胁，小海迪意识到自己的生命很难长久，可是她并没有向命运屈服，她不想成为一个只能依赖家人的人，她相信，只要自己坚持不懈地努力，自己总有一天会获得成功。为了不虚度光阴，她把每一分每一秒都用在刻苦自学上。

在日记中，她把自己比作天空中的一颗流星。她这样写道："不能碌碌无为地活着，活着就要学习，就要多为群众做些事情。既然我像一颗流星，我就要把光留给人间，把一切奉献给人民。"

1970年，张海迪跟随父母到乡下插队落户。她看到当地群众缺医少药，便萌生了学习医术的想法。她用平时省下来的零用钱买来了医学书籍，努力研读。为了能够识别内脏，她拿一些小动物来做解剖，为了了解人的针灸穴位，她就用自己的身体做实验；她用红笔、蓝笔在身上画满了各种各样的点，在自己的身上练习扎针。她以常人难以想象的坚强的毅力，克服了无数次的困难，终于能够治疗一些常见病和多发病了。

十几年里，张海迪医好了一万多名群众。搬到县城后，由于身体残疾，她没有工作可做，但她并不想让自己成为一个闲人。她从高玉宝写书的经历中得到启示，决定自己也走文学创作的路子，用笔去描绘美好的生活。

经过多年的勤奋写作，张海迪已经成为山东省文联的专业创作人员，她的作品《轮椅上的梦》一经出版问世，就立刻引起了十分强烈的反响。张海迪有着坚定的人生信念，只要自己认准了的目标，无论前面有多少艰难险阻，都要努力地跨越过去。

一次，一位老同志拿一瓶进口药，请她帮助翻译一下文字说明，可张海迪并不懂英文，看着这位老同志满脸失望地离去，她心里很是不安。从那天开始，她决心学习英文。在学习英文期间，她的墙上、桌上、灯罩上、镜子上乃至手上、胳膊上都写有英语单词，她还给自己定下了任务，每天晚上必须记住 10 个单词，否则就不睡觉。家里无论来了什么样的客人，只要会一点英语的，都成了她学习英语的老师。

几年以后，她不仅可以熟练阅读英文版的报刊和文学作品，而且还翻译了英国长篇小说《海边诊所》。当她将这部译稿交给某出版社的总编时，那位年过半百的老同志感动得流下了热泪。

是的，每个人都会遇到这样那样的不顺。这时，你必须保持清醒，坚定地相信自己总有一天会成功。秉持这样的信念，上天就不会辜负你。

没有一帆风顺的人生，即使现在你失业了，也不要自暴自弃，心中永远保存着成功的信念，终有一天你会获得成功。

有目标就是成功的起点

一个连自己的人生观都还没有确定、学问道德修养都还不够的人，是没有资格直接去指点别人行为的得失的。一个人没有自己的人生观，没有人生的方向，只是一味地跟着环境在转，那是人生最悲哀的事。人生有自我存在的价值，选择一个目标，也等于明确了人生的方向，这样才不至于迷失。

比塞尔是西撒哈拉沙漠中的一颗明珠，每年有数以万计的旅游者来到这里。可是在肯·莱文发现它之前，这里还是一个封闭而落后的地方。这里的人没有一个走出过大漠，据说不是他们不愿离开这块贫瘠的土地，而是尝试过很多次都没有走出去。

肯·莱文当然不相信这种说法。他用手语向这里的人问原因，结果每个人的回答都一样：从这无论向哪个方向走，最后还是转回到出发的地方。为了证实这种说法，他做了一次试验，从比塞尔村向北走，结果三天半就走了回来。

比塞尔人为什么走不出来呢？肯·莱文非常纳闷儿，最后他只得雇一个比塞尔人，让他带路，看看到底是怎么回事？他们带了半个月的水，牵了两峰骆驼，肯·莱文收起指南针等现代设备，只挂一根木棍跟在后面。

10天过去了，他们走了大约1000千米的路程，第11天早晨，果然又回到了比塞尔。

这一次肯·莱文终于明白了，比塞尔人之所以走不出大漠，是因为他们根本就不认识北斗星。在一望无际的沙漠里，一个人如果凭着感觉往前走，他会走出许多大小不一的圆圈，最后的足迹十有八九是一把卷尺的形状；比塞尔村处在浩瀚的沙漠中间，方圆上千公里没有一点儿参照物，若不认识北斗星又没有指南针，想走出沙漠，确实是不可能的。

肯·莱文在离开比塞尔时，带了一位叫阿古特尔的青年，就是上次和他合作的人。他告诉这位汉子，只要你白天休息，夜晚朝着北面那颗星走，就能走出沙漠。阿古特尔照着去做了，三天之后果然来到了大漠的边缘。阿古特尔因此成为比塞尔的开拓者，他的铜像被竖在小城的中央。铜像的底座上刻着一行字：新生活是从选定方向开始的。

一个辉煌的人生在很大程度上取决于人生的方向，个人的幸福生活也离不开方向的指引。确立人生的方向是人一生中最值得认真去做的事情。你不仅需要自我反省、向人请教"我是什么样的人"，还需要很清楚地知道"我究竟需要什么"，包括想成就什么样的事业、结交什么样的朋友、培养和保留什么样的兴趣爱好、过一种什么样的生活。这些选择是相对独立的，但却是在一个系统内的，彼此是呼应的，从而共同形成人生的方向。

闻名于世的摩西奶奶是美国弗吉尼亚州的一位农妇，76 岁时因关节炎放弃农活，这时她又给了自己一个新的人生方向，开始了她梦寐以求的绘画：80 岁时，到纽约举办个人画展，引起了意外的轰动。她活了 101 岁，一生留下绘画作品 600 余幅，在生命的最后一年还画了 40 多幅。

不仅如此，摩西奶奶的行动也影响到了日本大作家渡边淳一。渡边淳一从小就喜欢文学，可是大学毕业后，他一直在一家医院里工作，这让他感到很别扭。马上就 30 岁了，他不知该不该放弃那份令人讨厌却收入稳定的工作，以便从事自己喜欢的写作。于是他给闻名已久的摩西奶奶写了一封信，希望得到她的指点。摩西奶奶很感兴趣，当即给他寄了一张明信片，她在上面写下这么一句话："做你喜欢做的事，上帝会高兴地帮你打开成功之门，哪怕你现在已经 80 岁了。"

人生是一段旅程，方向很重要，每个人都可以掌握自己人生的方向。找到人生方向的人是最快乐的人，他们在每天的生活中体验这些，追求一种能令他们愉悦和满意的生活，他们的生活是与他们所向往的人生方向相一致的，对人生方向的追求使他们的生命更加有意义。

人生的方向也是人生的哲学。在追求自己人生方向的过程中，应不断地做出总结，这并不是说你正处于一个人生的危急关头，不得不在你未来的目标和你的职业道路之间做出一个选择，而是从一开始就给自己选定人生的方向，这才是最关键的人生问题。

要树立有价值的目标

关于人生，关于价值，著名哲学家黑格尔有一个著名的论断，他说："目标有价值，人生才有价值。"可见目标对于人生的重要性，只有了解了自己为何有此一生，确立了自己所要完成的目标，人生才会更有意义。因此，我们要树立自己的目标，而且要树立有价值的目标。

有一次，在高尔夫球场，罗曼·V.皮尔在草地边缘把球打进了杂草区。有一个青年刚好在那里清扫落叶，就和他一块儿找球，那时，那青年很犹豫地说："皮尔先生，我想找个时间向你请教。"

"什么时候呢？"皮尔问道。

"哦！什么时候都可以。"他似乎颇为意外。

"像你这样说，你是永远没有机会的。这样吧，30分钟后在第18洞见面谈吧！"皮尔说道。30分钟后他们在树荫下坐下，皮尔先问他的名字，然后说："现在告诉我，你有什么事要同我商量？"

"我也说不上来，只是想做一些事情。"

"能够具体地说出你想做的事情吗？"皮尔问。

"我自己也不太清楚。我很想做和现在不同的事，但是不知道做什么才好。"他显得很困惑。

"那么，你准备什么时候实现那个还不能确定的目标呢？"皮尔又问。

青年对这个问题似乎既困惑又激动，他说："我不知道。我的意思是有一天。有一天想做某件事情。"于是我问他喜欢什么事。他想一会儿，说想不出有什么特别喜欢的事。

"原来如此，你想做某些事，但不知道做什么好，也不确定要在什么时候去做，更不知道自己最擅长或喜欢的事是什么。"

听皮尔这样说，他有些不情愿地点头说："我真是个没有用的人。"

"哪里。你只不过没有把自己的想法加以整理，或缺乏整体构想而已。你人很聪明，性格又好，又有上进心。有上进心才会促使你想做些什么。我很喜欢你，也信任你。"

皮尔建议他花两星期的时间考虑自己的将来，并明确决定自己的目标，不妨用最简单的文字将它写下来。然后估计何时能顺利实现，得出结论后就写在卡片上，再来找自己。

两个星期以后，那个青年显得有些迫不及待，至少精神上看来像完全变了一个人似的在皮尔面前出现。这次他带来明确而完整的构想，已经掌握了自己的目标，那就是要成为他现在工作的高尔夫球场经理。现任经理 5 年后退休，所以他把达到目标的期限定在 5 年后。

他在这 5 年的时间里确实学会了担任经理必备的学识和领导

能力——经理的职务一旦空缺，没有一个人是他的竞争对手。

又过了几年，他的地位依然十分重要，成了公司不可缺少的人物。他根据自己任职的高尔夫球场的人事变动决定未来的目标。现在他过得十分幸福，非常满意自己的人生。

塞涅卡有句名言说："如果一个人活着不知道他要驶向哪个码头，那么任何风都不会是顺风。有人活着没有任何目标，他们在世间行走，就像河中的一棵水草，他们不是行走，而是随波逐流。"

没有目标的人生就像没有方向的航船，只能在海上漫无目的地漂泊。为了掌握自己的人生，先要明确你的目标，找到努力的方向，再立即采取行动，不断努力提高自己的能力，促进自己的成长，就能获得满意的人生。

人生不要背负的东西太多

人之一生，背负的东西太多太多，压得我们喘不过气来。人生中有时我们拥有的太多太乱，我们的心思太复杂，我们的负荷太沉重，我们的烦恼太无绪，诱惑我们的事物太多，大大地妨碍我们，无形而深刻地损害我们。生命如舟，载不动太多的欲望，怎样使之在抵达彼岸时不在中途搁浅或沉没？我们是否该选择放下，丢掉一些不必要的包袱，那样我们的旅程也许会多一些从容与安康。

明白自己真正想要的东西是什么，并为之而奋斗，如此才不枉费这仅有一次的人生。英国哲学家伯特兰·罗素说过，动物只要吃得饱，不生病，便会觉得快乐了。人也该如此，但大多数人并不是这样。很多人忙碌于追逐事业上的成功而无暇顾及自己的生活。他们在永不停息的奔忙中忘记了生活的真正目的，忘记了什么是自己真正想要的。这样的人只会看到生活的烦琐与牵绊，而看不到生活的简单和快乐。

我们的人生要有所获得，就不能让诱惑自己的东西太多，不能让努力的方向过于分叉。我们要简化自己的人生，要学会有所放弃，要学习经常否定自己，把自己生活中和内心里的一些东西断然放弃掉。

仔细想想你的生活中有哪些诱惑因素，是什么一直干扰着你，让你的心灵不能安宁；是什么让你坚持得太累；是什么在阻止着你的快乐。把这些让你不快乐的包袱通通扔弃。只有放弃我们人生田地和花园里的这些杂草害虫，我们才有机会同真正有益于自己的人和事亲近，才会获得适合自己的东西。我们才能在人生的土地上播下良种，致力于有价值的耕种，最终收获丰硕的粮食，在人生的花园采摘到鲜丽的花朵。

所以，仔细想想你在生活中真正想要什么？认真检查一下自己肩上的负担，看看有多少是我们实际上并不需要的，这个问题看起来很简单，但是意义深刻，它对成功目标的制定至关重要。

要得到生活中想要的一切，当然要靠努力和行动。但是，在开始行动之前，一定要搞清楚，什么才是自己真正想要的。要打发时间并不难，随便找点儿什么活动就可以应付，但是，如果这些活动的意义不是你设计的本意，那你的生活就失去了真正的意义。你能否提高自己的生活品质，并且使自己满足、有所成就，完全看你自己真正需要什么，然后能不能尽量满足这些需要。

生活中最困难的一个过程就是要搞清楚我们自己究竟想要什么。大多数人都不知道自己真正想要什么，因为我们不曾花时间来思考这个问题。面对五光十色的世界和各种各样的选择我们更不知所措，所以我们会不假思索地接受别人的期望来定义个人的需要和成功，社会标准变得比我们自己特有的需求还要重要。

我们总是太在意别人的看法，以致我们下意识地接受了别人强加于我们的种种动机，结果，努力过后才发现自己的需求一样都没能满足。更复杂的是，不仅别人的意见影响着我们的欲望，我们自己的欲望本身也是变化莫测的。它们因为潜在的需要而形成，又因为不可知的力量日新月异——我们经常得到过去十分想要的，而现在却不再需要的东西。

如果有什么原因使我们总是得不到自己想要得到的东西的话，这个原因就是你并不清楚自己到底想要什么。在你决定自己想要什么、需要什么之前，不要轻易下结论，一定要先做一番心灵探索，真正地了解自己，把握自己的目标。只有这样，你才能在生活中满意地前进。

要努力做命运的主人

有这样一个故事：

一个诗人听说一个年轻人想跳桥自杀，而他手里拿着的是诗人的诗集《命运扼住了我的喉咙》。诗人听说后，拿了另一本诗集，赶紧冲到桥上。诗人来到桥上，走到年轻人面前。

年轻人见有人上前，便做出欲跳的姿态说道："你不要过来！你不用劝我，我是不会下来的，命运对我太不公平了。"诗人冷冷地说："我不是来劝你的，我是来取回我那本诗集的。"年轻人很疑惑。诗人说："我要将这本诗集撕碎，不再让它毒害别人的思想，我可以用我手中的这本诗集和你手中的那本交换。"年轻人犹豫了一会儿，答应了诗人的请求。年轻人接过诗人手上的那本诗集，有点儿吃惊，因为诗人手上的那本诗集的名字和原来那本如此相似，但又有所不同——《我扼住了命运的喉咙》。

诗人接过年轻人手中的那本诗集，对着它凝望了一会儿，便将它撕得粉碎，撕完后，诗人又说道："当我四肢健全时，我曾多次站在你那里，但当我经历了那场车祸变成残疾人后，我便再也没站在那里过。"诗人说完，用深切的目光望着年轻人。年轻人迎着诗人的目光沉思了一会儿，终于从桥上下来了。

很多时候，我们和上面这个年轻人一样，总是被身边的人和事牵绊着、主宰着，把自己的人生交给命运去处理，而忘了自己其实是自己人生的主人，我们的命运和心灵应该由自己做主。

如果说生命是一艘航船，那么我们对舵的把握程度，就决定了我们拥有怎样的人生。一个人的命运好不好，是由自己决定的。敢于主宰和规划人生，奇迹便会不断产生。

世界上的人基本上分为两大类：一种人拥有积极乐观的人生态度，而另外一种人拥有消极悲观的人生态度。不同的人生态度，决定不同的人生结果。

第二章　只要你努力到了，美好就会如期而至

那些积极乐观的人，总是自己掌握自己的命运之舵，从而顺利到达幸福的彼岸；而那些消极悲观的人，总是把自己的命运之舵交给别人，或者依靠所谓的命运之神，结果永远在苦海里挣扎。如果有了积极的心态，又能不断地努力奋斗，那么世上一切事情都有成功的可能。如果既没有积极的心态，又不肯好好去努力，那么将永远和幸福失之交臂。

在家长制依然广泛存在的今天，长辈们包办子女的前途似乎合情合理，就算偶有意见，被他们的"生存哲学"一训诫，子女也会立刻驯服。上好学校、找稳定工作、结婚生孩子……很多人总是沿着既定的轨迹向前走，按着长辈们的意愿来生活，从来没想过自己也可以开创一个全新的人生。

亨利曾经说过："我是命运的主人，我主宰我的心灵。"做人应该做自己的主人，应该主宰自己的命运，而不能把自己交付给别人。然而，生活中许多人却不能主宰自己，有的人把自己交付给了金钱，成为金钱的奴隶；有的人为了权力，成了权力的俘虏；有的人经不住生活中各种挫折与困难的考验，把自己交给了上帝；有的人经历一次失败后便迷失了自己，向命运低头，从此一蹶不振。

一个不想改变自己命运的人，是可悲的；一个不能靠自己的能力改变命运的人，是不幸的。一个人想获得成功，必定要经过无数的考验，而一个经受不住考验的人是绝对不能干出一番大事的。很多人之所以不能成就大事，关键就在于无法激发挑战命运的勇气和决心，不善于在现实中寻找答案。古今中外的成功者，无不是凭借自己的努力奋斗，掌控命运之舟，在波峰浪谷间破浪扬帆。

每个人都要努力做命运的主人，不能任由命运摆布自己。像莫扎特、凡·高这些历史上的名人都是我们的榜样，他们生前都遭遇过许多挫折，但他们没有屈服于命运，没有向命运低头，而是向命运发起了挑战，最终战胜了命运，成为自己的主人，成了命运的主宰。

命运掌握在自己的手中

时下各种名义的聚会在年轻人中悄然流行着，也许在某次的聚会中你会遇见昔日一起毕业的好友，尽管当时你们才能相当，甚至他们不如你，但是他们现在有了自己的事业，或许成了某一阶层的"领导者"，他们之所以成功，也许是受过提拔，也许赶上了一个好的机遇，但是最重要的还是来自他们内心深处想要改变自己命运的思想。

通过下面的故事，我们来看看故事中的主人公是如何救赎自己的。

美国犹太商人朗司·布拉文37岁才开始学习经商。他的父亲在洛杉矶经营一所拥有100名员工的会计师事务所，朗司·布拉文在大学学的是会计学，毕业以后他马上进了父亲的会计师事务所工作。周围人都认为他会顺其自然地成为事务所的第二代继承人，但是，他总是觉得事务所的工作不适合自己，家族的期待和财产反而成了他的噩梦，难以摆脱。

　　既然他不适合眼下的路，就只能离开。他辞职了，开始尝试经商。

　　进入商界十几年后，他的公司年交易额已达 35 亿日元。他主要向日本出口与体育有关的用品、服装及辅助设备等。经销地点除了公司本部的拉斯维加斯和日本外，还有瑞士。他真正的理想是建立全球规模的跨国公司。

　　生活只能靠自己去选择和创造，所以布拉文选择了放弃会计师事务所，而去追求自己擅长的领域。

　　追求成功，得靠实力，追求财富也离不开自身的拼搏。只要拥有了遇事求己的坚强和自信，人人都能成为自己的救世主。改变人生只能靠我们自己，凡事不要依靠别人施舍，也不要希望财富与成功自天而降。只有将命运之舟紧紧地掌握在自己的手中，才能使它准确地驶向成功的彼岸。

第三章

等来的是失望，拼出来的才是成功

机会留给那些有准备的人

天下没有免费的午餐，机遇总是偏爱那些有准备的人。这两句话并不矛盾，所有的机会都是公平的，但并不表示所有人把握机会的概率是相同的，有准备的人自然是概率大很多。

在西方流传着这样一个故事：

许多年前，一位聪明的国王召集了一群聪明的臣子，给了他们一个任务："我要你们编一本各时代的智慧录，好流传给子孙。"这些聪明人离开国王后，工作了很长一段时间，最后完成了一本十二卷的巨作。

国王看了以后说："各位先生，我确信这是各时代的智慧结晶，然而，它太厚了，我怕人们不会读，把它浓缩一下吧。"这些聪明人又长期努力地工作，几经删减之后，完成了一卷书。然而，国王还是认为太长了，又命令他们再浓缩，这些聪明人把一卷书浓缩为一章，又浓缩为一页，然后减为一段，最后变为一句话。

国王看到这句话后，显得很得意。"各位先生，"他说，"这真是各时代智慧的结晶，并且各地的人一旦知道这个真理，我们大部分的问题就可以解决了。"

这句话就是："天下没有白吃的午餐。"

第一个进入太空的中国人杨利伟，为什么那么幸运？听听他的话我们就能明白："现在我一闭上眼睛，座舱里所有仪表、电门的位置都能想得清清楚楚；随便说出舱里的一个设备名称，我马上可以想到它的颜色、位置、作用；操作时要求看的操作手册，我都能背诵下来，如果遇到特殊情况，我不看手册，也完全能处理好。"如果不是经过魔鬼训练的重重考验，他怎么能在众多的后备人选中把握住这个机会呢？

我们中国人做事讲究"天时、地利、人和"，充分的准备用现在的话来说，不外乎这些因素：

1. 创新意识

机遇是意外的、异常的，因而用常规方法抓住机遇是很困难的，这就需要有创新意识，能不断寻求新的对策和方法。

2. 判断力

在人们发现的机遇中，并不是每一个意外情况都有价值，都值得探索，都有成功的希望。这就需要准确判断，从各种机遇中抓住有希望的线索，抓住有价值、有潜在意义的线索。这一点对于确定是否进一步追究机遇所提供的线索有决定性意义。

3. 观察力

具有敏锐的观察力，才能及时捕捉到看起来微不足道的偶然事件。

4. 事业心

只有把自己的思想和行为与事业紧密相连的人，才有可能把机遇与发展事业、搞好工作联系起来，为了事业而刻意求索。头脑的准备，不仅是心理、意识的准备，而且还包括经验和知识的准备。因为处理机遇很难像一般事务那样有计划、有目的、有步骤，主要是凭自身的经验、知识的积累进行决策，因此你必须有丰富的经验、渊博的知识与合理的知识结构，这样，在机遇出现时，才能触类旁通，引起注意，努力思考，做出判断。

现代社会竞争日趋激烈，一个机遇往往被几个人同时捕捉。在这种情况下，究竟谁能把捕捉到的机遇利用起来，这就要取决于实力的对比和竞争了。要取得随机决策的成功，机会和实力两个条件缺一不可。"机遇只偏爱有准备的头脑"，这是一句早为人们所熟稔的名言，其中所包含的朴素真理一次次为实践所证实。要想牢牢抓住机遇，就为机遇的来临做好准备吧。

空想不如行动

成功地将一个好主意付诸实践，比在家里空想出 1000 个好主意要有价值得多。没有行动，再远大的目标只是目标，再完美的设想也仅仅是设想，要想使其变为现实，必须付出行动。

临渊羡鱼，不如退而结网。与其羡慕幻想，不如马上行动。有条件不做等于没有条件，没有条件可以在做的过程中创造条件。想法只有化作行动，才有达成愿望的可能，否则想法永远是想法。

想到了就去做，人的潜能是无法预测的。只要有了好的想法，然后立即行动，相信谁都可以成功，关键看你是否将想法付诸行动，是否能走出空想阶段。

从前有两个和尚，一个很有钱，每天过着舒舒服服的日子；另一个很穷，每天除了念经时间外，就是到外面去化缘，日子过得非常清苦。

有一天，穷和尚对有钱的和尚说："我很想去拜佛，求取佛经，你看如何啊？"

有钱的和尚说："路途那么遥远，你怎么去？"

穷和尚说："我只要一个钵、一个水瓶、两条腿就够了。"

有钱的和尚听了哈哈大笑，对穷和尚说："我想去也想了好几年，一直没成行的原因就是旅费不够。我的条件比你好，我都去不成，你又怎么去得了？"

然而，过了一年，穷和尚平安回来了，还带了一本佛经送给了有钱的和尚。有钱的和尚看他果真实现了愿望，惭愧得面红耳赤，一句话也说不出来。

我们并不能在行动之前把所有可能遇到的问题统统消除，但是我们可以在行动中克服各种困难。

正因为有不少人总想着等到有 100% 把握了才行动，反而陷入了行动前的永远等待中。有的人甚至连一个小小的愿望都要等到所有条件都满足后才开始行动。你不可能等到所有条件都成熟后再行动。如果是那样，恐怕也就错过最佳的时机了。

正因为如此，很多人一辈子干不成一件事情，永远处于等待中。只有那些想到就马上动起来的人，才是真正能改变现状的人。

"想到就去做"这好像是一句广告词。说起来，人人皆知，可又有几个人能真的"想到就去做"呢？

美国成功学家格林演讲时，曾不止一次地对听众开玩笑说，全球最大的航空速递公司——联邦快递（FedEx）其实是他构想的。

格林没说假话，他的确曾有过这个主意。20 世纪 60 年代格

林刚刚起步，在全美为公司做中介工作，每天都在为如何将文件在限定时间内送往其他城市而苦恼。

当时，格林曾经想到，如果有人开办一个能够将重要文件在24小时之内送到任何目的地的服务，该有多好！

这想法在他脑海中停留了好几年，他也一直经常和人谈起这个构想，遗憾的是，他没有采取行动，直到一个名叫弗列德·史密斯的人（联邦快递的创始人）真的把它转换为实际行动。从此，格林也就与开创事业的大好机会擦身而过了。

格林用自己的故事现身说法：

成功地将一个好主意付诸实践，比在家里空想出1000个好主意要有价值得多。没有行动，再远大的目标只是目标，再完美的设想也仅仅是设想，要想使其变为现实，必须付出行动。

可见，行动才是最终决定力量，无论你的计划多么详尽、语言多么动听，你不开始行动，就永远无法达到目标。在一生中，我们有着种种计划，若能够将一切憧憬都抓住，将一切计划都执行，那么，事业上所取得的成就将是多么伟大！

千里之行，始于足下

有些人打牌，总想着等到合适的时候再出好牌，但却发现与事实屡屡不符，等到别人都出完手中的牌了，才发现自己的好牌都攥在手里，没派上用场。

一位成功学大师这样评价行动和知识：行动才是力量，知识只是潜在的能量；不积极行动，知识将毫无用处。要克服任何障碍，都离不开行动，也只有行动才能够让梦想照进现实。

从前，有两个朋友，相伴一起去遥远的地方寻找人生的幸福和快乐，一路上风餐露宿，在即将到达目标的时候，遇到了一条风急浪高的大河，而河的彼岸就是幸福和快乐的天堂。

关于如何渡过这条河，两个人产生了不同的意见，一个建议采伐附近的树木造成一条木船渡过河去，另一个则认为无论哪种办法都不可能渡过这条河，与其自寻烦恼和死路，不如等这条河流干了，再轻轻松松地过去，两个人的意见无法统一。

于是，建议造船的人每天砍伐树木，辛苦而积极地制造船只，并顺带着学会游泳，而另一个则每天躺下休息睡觉，然后到河边观察河水流干了没有。直到有一天，已经造好船的朋友准备扬帆的时候，另一个朋友还在讥笑他的愚蠢。

不过，造船的朋友并不生气，临走前只对他的朋友说了一句话："去做一件事不一定都成功，但不去做则一定没有机会成功！"

能想到等到河水流干了再过河，这确实是一个"伟大"的创意，可惜的是，这仅仅是个注定永远失败的"伟大"创意而已。

这条大河终究没有干枯掉，而那位造船的朋友经过一番风浪也最终到达了彼岸。

只有行动才会产生结果，行动是成功的保证。任何伟大的目标、伟大的计划，最终必然要落实到行动上。不肯行动的人只是在做白日梦，这种人不是懒汉就是懦夫，他们终将一事无成。

古希腊格言讲得好："要种树，最好的时间是10年前，其次是现在。"同样，要成为赢家，最好的时间是 3 年前，其次是现在。

要成为人生牌局的赢家，就应该尽早地迈出自己的第一步。

20 世纪 70 年代的一天，史蒂芬·乔布斯和史蒂芬·沃兹尼亚克卖掉了一辆老掉牙的大众牌汽车，得到了 1500 美元。对于史蒂芬·乔布斯和史蒂芬·沃兹尼亚克这两个正准备开一家公司的人来说，这点钱甚至无法支付办公室的租金，而且他们所要面对的竞争对手是国际商业机器公司 IBM——一个财大气粗的巨无霸。

租不起办公室，他们就在一个车库里安营扎寨。然而正是在这样一个条件极差的车库里，苹果电脑诞生了，一个电脑业的巨子迈出了第一步。也正是这个从车库诞生的苹果电脑，成功地从 IBM 手里抢走了荣耀和财富。如果当初这两位青年因为怕遇到很多的困难而不动手行动的话，那么恐怕就没有今天的苹果电脑了吧。

而惠普电脑的诞生与苹果电脑的诞生如出一辙。1938 年，两位斯坦福大学的毕业生惠尔特和普克德，在寻找工作的过程中他们尝尽了求助他人谋生的艰辛，同时他们还看到了许多人因为找不到工作而陷入困境的惨状，于是他们决定摆脱受雇于人的想法，合伙开创自己的事业。两个一无所有的穷光蛋，总共才凑了 538 美元，他们有的只是想法和决心。但是，他们并没有停止或等待，在加州的一间车库里，他们办起了一家公司——惠普公司。经过艰苦创业，惠普公司现在是全球最重要的电子元器件、配套设备供应商之一，总资产达 300 多亿美元。

可能每个人都会有很多的想法，有不少的想法甚至可以说是绝妙的。但是假若这些想法不去付诸实践，那它们永远也只是空想而已。不论你自己想得有多美，重要的是去做！没有人会嘲笑一个学步的婴儿，尽管他的步子趔趄、姿势难看，有时还会摔倒。

我们之所以难以将想法付诸实践，是因为当我们每一次准备搏一搏时，总有一些意外事件使我们停止，例如资金不够、经济不景气、新婴儿的诞生、对目前工作的一时留恋等种种限制以及许许多多数不完的借口，这些都成为我们拖拖拉拉的理由。我们总是想等着一切都十全十美的时候再行动，但事实总会和愿望不太相符，于是我们的计划不会有开始动手的那一天，只是变成了空想。

面对人生的众多机遇，我们看见了，也心动了，但是自己却因为各种原因或者不敢而没有付诸行动，眼看着机会从自己的身边溜走，到头来只能恨自己没有胆量。

安妮是一个可爱的小姑娘，可她有一个坏习惯，那就是她每做一件事，总爱让计划停留在口头上，而不是马上行动。

和安妮住在同一个村子里的詹姆森先生有一家水果店，里面出售本地产的草莓之类的水果。一天，詹姆森先生对来到店里买东西的安妮说："你想挣点钱吗？"

"当然想。"她很不好意思地回答，"我一直想买一双新鞋，可家里买不起。"

"好的，安妮。"詹姆森先生说，"隔壁卡尔森太太家的牧场里有很多长势很好的黑草莓，他们允许所有人去摘。你摘了以后把它们都卖给我，1升我给你 13 美分。"

安妮听到可以挣钱，非常高兴。于是她迅速跑回家，拿上一个篮子，准备马上就去摘草莓。但这时她不由自主地想到，要先算一下采 5 升草莓可以挣多少钱。于是她拿出一支笔和一块小木板计算起来，计算的结果是 65 美分。

"要是能采 12 升呢？那我又能赚多少呢？"

"上帝呀！"她得出答案，"我能得到 1 美元 56 美分呢！"

安妮接着算下去，要是她采了 50、100、200 升詹姆森先生会给她多少钱——她兴奋地算来算去，已经到了中午吃饭的时间，她只得下午再去采草莓了。

安妮吃过午饭后，急急忙忙地拿起篮子向牧场赶去。而许多男孩子在午饭前就赶到了那儿，他们快把好的草莓都摘光了。可怜的小安妮最终只采到了 1 升草莓。

回家途中，安妮想起了老师常说的话："办事得尽早着手，干完后再去想：因为一个实干者胜过 100 个空想家。"

成功在于计划，更在于行动。目标再大，如果不去落实，也永远只能是空想。所以当你心动的时候，就应当尽快地将它付诸行动，这样才能够更好地把握住机遇。

在一次行动力研习会上，培训师说："现在我请各位一起来做一个游戏，大家必须用心投入，并且采取行动。"他从钱包里掏出一张面值 100 元的人民币，他说："现在有谁愿意拿 50 元来换这张 100 元的人民币？"他说了几次，都没有人行动，最后终于有一个人走向讲台，但他仍然用一种怀疑的眼光看着培训师和那一张人民币，不敢行动。那位培训师提醒说："要配合，要参与，要行动。"那个人才采取行动，换回了那 100 元，那位勇敢的参与者立刻赚了 50 元。最后，培训师说："凡事马上行动，立刻行动，你的人生才会不一样。"

现实生活中，我们往往在心动的时候会考虑到很多因素，会想这能实现吗？会想到诸多的困难阻挠，会想到自己力量的薄弱等。但是为什么不去试试呢？没准儿一试就成功了呢。很多时候，我们缺少的是将心动变成行动的胆量。

人生就是这样，再美好的梦想，离开了行动就会变成空想；再完美的计划，离开了行动也会失去意义。我们要实现自己的理想，就应当注重行动，在行动中实现自己的梦想。

古语说得好："千里之行，始于足下。"

你可能曾经看过某些人在接近人生旅程的尽头时，回顾一生时说："如果我能有不同的做法……如果我能在机会降临时好好地利用……"这些未能得到满足的生命，只是充塞着数不清的"如果……"他们的生命在真正起步之前就已经结束了。

只有行动才能让计划成为现实，这是千年不变的真理。如果你想改变你的现状，那就赶快行动吧！

变"危机"为"良机"

并不是每一个机会都是带着桂冠来到我们身边的，有些机遇往往披着危险面罩，然而很多只看表面的人望而却步。那些善于思考的人，往往能变"危机"为"良机"。

据有关媒体报道，2009 年，经济危机的影响将全面来临。与 1873 年、1929 年的经济危机不同的是，1873 年只是美国国内的经济危机，1929 年则是西方国家的经济危机，而 2009 年，是全球性的经济危机。

危机来临，股票狂跌、市场疲软、无数企业倒闭、工人失业、大学生就业困难，人们的生活陷入了混乱之中。但是，当危机肆虐的时候，难道我们就没有应对它的法宝了吗？答案是否定的。

从"危机"一词的组合中我们可以看出：危险中往往蕴藏着新的机会。那些善于思考的人，往往能变"危机"为"良机"。这里有三个故事，也许会给今天面临金融危机的我们一些启发：

第一个故事：

从前有一座名城最繁华的街市失火，火势迅猛蔓延，数以万计的房屋商铺在一片火海之中顷刻之间化为废墟。有一位富商苦心经营了大半生的几间当铺和珠宝店，也恰在那个闹市中。火势越来越猛，他大半辈子的心血眼看毁于一旦，但是他并没有让伙计和奴仆冲进火海，舍命抢救珠宝财物，而是不慌不忙地指挥他们迅速撤离，一副听天由命的神态，令众人大惑不解。然后他不动声色地派人从家乡河流的沿岸平价购回大量木材、石灰。当这些材料像小山一样堆起来的时候，他又归于沉寂，整天逍遥自在，好像失火压根儿与他毫不相干。

大火烧了数十日之后被扑灭了，但是曾经车水马龙的城市，大半个城已经是墙倒房塌，一片狼藉。不几日，宫廷颁旨：重建这座城市，凡销售建筑用材者一律免税。于是城内一时大兴土木，建筑用材供不应求，价格陡涨。这个商人趁机抛售建材，获利颇丰，其数额远远大于被火灾焚毁的财产。

第二个故事：

有位经营肉食品的老板，在报纸上看到这么一则毫不起眼的消息：墨西哥发生类似瘟疫的流行病。他立即想到墨西哥瘟疫一旦流行起来，一定会传到美国，而与墨西哥相邻的两州是美国肉食品的主要供应基地。

如果发生瘟疫，肉类食品供应必然紧张，肉价定会飞涨。于是他先派人去墨西哥探得情况后，立即调集大量资金购买大批菜牛和肉猪饲养起来。过了不久，墨西哥的瘟疫果然传到了美国这两个州，市场肉价立即飞涨。时机成熟了，他大量售出菜牛和肉猪，净赚百万美元。

第三个故事：

19世纪美国加州发现金矿的消息使得数百万人涌向那里淘金。17岁的小女孩雅木尔也加入了这个行列。一时间加州的淘金者面临着水源奇缺的威胁。人们大多数都没有淘到金，小雅木尔也未淘到金。可细心的小雅木尔却发现，远处的山上有水。她在山脚下挖开引渠，积水成塘，然后，她将水装进小桶里，每天跑几十里路卖水，不再去淘金，做没有成本的买卖，生意极好，可淘金者当中有不少人嘲笑她。许多年过去了，大部分淘金者空手而归，而雅木尔却获得了6700万美元，成为当时很富有的人。

任何危机都蕴藏着新的机会，这是一条颠扑不破的人生真理。很多时候看起来毫无价值的信息，在会思考的人心中就是一个好机会。受苦的人会把不幸当成人生的痛苦，而积极向上的人总是能把苦难当成自己飞得更高的财富。

第三章 等来的是失望，拼出来的才是成功

把目标当成挑战自我的机会

美西战争爆发之时，美国总统必须马上与古巴的起义军将领加西亚取得联络。加西亚在古巴的大山里——没有人知道他的确切位置，可美国总统必须尽快得到他的合作。

有什么办法呢？

有人对总统说："如果有人能够找到加西亚的话，那么这个人一定是罗文。"于是总统把罗文找来，交给他一封写给加西亚将军的信。至于罗文中尉如何拿了信，用油纸袋包装好，上了封，放在胸口藏好；如何坐了四天的船到达古巴，再经过三个星期，徒步穿过这个危机四伏的岛国，终于把那封信送给加西亚——这些细节都不重要。

重要的是，美国总统把一封写给加西亚的信交给罗文，罗文接过信之后并没有问："他在什么地方？"

像罗文中尉这样的人，值得拥有一尊塑像，放在所有的大学里。太多人所需要的不仅仅是从书本上学习来的知识，也不仅仅是他人的一些教诲，而是要铸就一种精神：积极主动、全力以赴地完成任务——"把信送给加西亚"。

阿尔伯特·哈伯德所写的《把信送给加西亚》一书首次出版是在1899年，随后就风靡了整个世界。不仅是因为每一个领导都喜欢罗文这样的下属，更因为每一个人都从心底佩服罗文，佩服这个主动挑战任务的人。现代企业，迫切需要罗文，需要具有责任心和自动自发精神的好员工！而我们的人生，也同样渴望罗文精神。

彼得和查理一起进入一家快餐店，当上了服务员。他俩的年龄一样，也拿着同样的薪水，可是工作时间不长，彼得就得到了老板的褒奖，很快被加薪，而查理仍然在原地踏步。面对查理和周围人士的牢骚与不解，老板让他们站在一旁，看看彼得是如何完成服务工作的。在冷饮柜台前，顾客走过来要一杯麦乳混合饮料。

彼得微笑着对顾客说："先生，你愿意在饮料中加入一个还是两个鸡蛋呢？"

顾客说："哦，一个就够了。"

这样快餐店就多卖出一个鸡蛋。在麦乳饮料中加一个鸡蛋通常是要额外收钱的。

看完彼得的工作后，经理说道："据我观察，我们大多数服务员是这样提问的：'先生，你愿意在你的饮料中加一个鸡蛋吗？'而这时顾客的回答通常是：'哦，不，谢谢。'对于一个能够在工作中主动解决问题、主动完善自身的员工，我没有理由不给他加薪。"

其实这个道理很简单：比别人多努力一些、多思考一些，就会拥有更多的机会。

对很多人来说，每天的工作可能是一种负担、一项不得不完成的任务，他们并没有做到工作所要求的那么多、那么好。对每一个企业和老板而言，他们需要的绝不是那种仅仅遵守纪律、循规蹈矩，却缺乏热情和责任感，不够积极主动、自动自发的人。

工作需要自动自发，而那些整天抱怨工作的人，是永远都不

会"把信送给加西亚"的，他们或者出发前就胆怯了，或者遇到苦难而中途放弃；或者弄丢了这封重要的信，害怕惩罚而逃走；或者被敌人发现，背叛写信人。这样的人是非常狭隘的，他的人生又能有多广阔？

其实，我们每个人都可以把自己的目标当成一次"把信送给加西亚"的任务，这是一次挑战自己的机会，也是实现自我、突破自己的机会。

应当随时为机遇做好热身

许多人坐等机会，希望好运从天而降，这些人往往难成大事。成功者积极准备，一旦机会降临，便能牢牢地把握。机遇对于每个人来说，没有彩排，只有直播，你没有把握住的话，只能等着自己出丑。

当机遇到来时，如果你没有提前为机会做好准备，就会将它习惯性地丢掉，与它失之交臂。这样说来，其实生活中不是机遇少，只是我们对机遇视而不见。

这就和许多发明创造一样，看起来是偶然，其实那些发现和发明并非偶然得来的，更不是什么灵机一动或运气极佳。事实上，在大多数情形下，这些在常人看来纯属偶然的事件，不过是从事该项研究的人长期苦思冥想的结果。

人们常常引用苹果砸在牛顿的脑袋上，导致他发现万有引力定律这一例子，来说明所谓纯粹偶然事件在发现中的巨大作用。

但人们却忽视了，多年来，牛顿一直在为重力问题苦苦思索、研究。苹果落地这一常见的日常生活现象之所以为常人所不在意而能激起牛顿对重力问题的理解，能激起他灵感的火花并进一步做出异常深刻的解释，是因为牛顿对重力问题有深刻的理解，并不是单纯依赖于偶然。生活中，成千上万个苹果从树上掉下来，却很少有人能像牛顿那样引发出深刻的定律出来。

同样，从普通烟斗里冒出来的五光十色像肥皂泡一样的小泡泡，这在常人眼里就跟空气一样普通，但正是这一现象使杨格博士创立了著名的光干扰原理，并由此发现了光衍射现象。

人们总认为伟大的发明家总是论及一些十分伟大的事件或奥秘，其实像牛顿和杨格以及其他许多科学家，他们都是研究一些极普通的现象。他们的过人之处在于能从这些人所共见的普遍现象中揭示其内在的、本质的联系，而这些都是凭着他们的全力以赴钻研得来的。只有这样为机遇做好了充分的准备，才能发现机遇，进而更好地抓住机遇。

所罗门说过："智者的眼睛长在头上，而愚者的眼睛是长在脊背上的。"心灵比眼睛看到的东西更多。有些人走上成功之路，不乏来自偶然的机遇。然而就他们本身来说，他们确实具备了获得成功机遇的才能，所以在机遇到来时才能抓住。

好运气更偏爱那些努力工作的人。没有充分的准备和大量的汗水，机会就会眼睁睁地从身边溜走。对于机遇，它意味着需要你忍受无法忍受的艰苦和穷困，以及献身工作的漫漫长夜。只有为所从事的工作有充分的准备时，机会才会来临。

拿破仑·希尔说过，任何人只要能够定下一个明确的目标，

坚守这个目标，时时刻刻把这个目标记在心中，再坚持行动，那么，必然会获得意想不到的结果。

在日常生活中，常常会发生各种各样的事，有些事使人大吃一惊，有些事却毫无惊人之处。一般而言，使人大吃一惊的事会使人倍加关注，而平淡无奇的事往往不被人所注意，但它却可能包含着重要的意义。一个有敏锐洞察力的人，他会独具慧眼，留心周围小事的重要意义。人们也不能把目光完全局限于"小事"上，而是要"小中见大""见微知著"。只有这样，才能有更多发现机遇的机会。

我们应当随时为机遇做好热身，努力向着自己的目标奋斗，为目标准备，才能够在机会来临的时候大显身手，否则在机会来临的时候自己手忙脚乱，或者不知所措，只能让机会白白地从身边溜走。人不能躺在那里等待机遇，只有事先做好充分的准备，在机遇来临时才有可能抓住机遇，获得成功。

吃得苦中苦，方为人上人

可以这样说，人生的痛苦永远多于快乐。一个人的降生就意味着痛苦的开始，而一个人生命的结束，则是痛苦的终结。人的一生，就是不断地与痛苦抗争的过程。人生的意义，就在于从与痛苦的抗争中寻找少许的欢乐。

现在，很多人活得很累，过得也不快乐。其实，人只要生活在这个世界上，就有很多烦恼。痛苦或是快乐，取决于你的内心。人不是战胜痛苦的强者，便是屈服于痛苦的弱者。再重的担子，笑着也是挑，哭着也是挑。再不顺的生活，微笑着撑过去了，就是胜利。

人生没有痛苦，就会不堪一击。正是因为有痛苦，所以成功才那么美丽动人；因为有灾患，所以欢乐才那么令人喜悦；因为有饥饿，所以佳肴才让人觉得那么甜美。正是因为有痛苦的存在，才能激发我们人生的力量，使我们的意志更加坚强。

瓜熟才能蒂落，水到才能渠成。和飞蛾一样，人的成长必须经历痛苦挣扎，直到双翅强壮后，才可以振翅高飞。

人生若没有苦难，我们会骄傲；没有挫折，成功不再有喜悦，更得不到成就感；没有沧桑，我们不会有同情心。因此，不要幻想生活总是那么圆满，生活的四季不可能只有春天。每个人的一生都注定要跋涉沟沟坎坎，品尝苦涩与无奈，经历挫折和失意。对于每个人来说，痛苦，都是人生必须经历的一课。

因此，在漫长的人生旅途中，苦难并不可怕，受挫折也无须忧伤。只要心中的信念没有萎缩，你的人生旅途就不会中断。艰难险阻是人生对你的另一种形式的馈赠，坑坑洼洼也是对你的意志的磨炼和考验——大海如果缺少了汹涌的巨浪，就会失去其雄浑；沙漠如果缺少了狂舞的飞沙，就会失去其壮观；如果维纳斯没有断臂，那么就不会因为残缺美而闻名天下。生活如果都是两点一线般地顺利，就会如白开水一样平淡无味。只有酸甜苦辣咸五味俱全才是生活的全部，只有悲喜哀痛七情六欲全部经历才算是完整的人生……

所以，你要从现在开始，微笑着面对生活，不要抱怨生活给了你太多的磨难，不要抱怨生活中有太多的曲折，更不要抱怨生活中存在的不公。当你走过世间的繁华与喧嚣，阅尽世事，你会明白：痛苦，是人生必须经历的过程！

你怎样思考，就会怎样去行动

心界决定一个人的世界。只有渴望成功，你才能有成功的机会。

《庄子》开篇的文章是"小大之辩"。说北方有一个大海，海中有一条叫作鲲的大鱼，宽几千里，没有人知道它有多长。鲲化为鸟叫作鹏。它的背像泰山，翅膀像天边的云，飞起来，乘风直上九万里的高空，超绝云气，背负青天，飞往南海。

蝉和斑鸠讥笑说："我们愿意飞的时候就飞，碰到榆树、檀树就停在上边；有时力气不够，飞不到树上，就落在地上，何必要高飞九万里，又何必飞到那遥远的南海呢？"

那些心中有着远大理想的人常常不能为常人所理解，就像目光短浅的麻雀无法理解大鹏鸟的志向，更无法想象大鹏鸟靠什么飞往遥远的南海。因而，像大鹏鸟这样的人必定要比常人忍受更多的艰难曲折，忍受心灵上的寂寞与孤独。因而，他们必须要坚强，把这种坚强潜移到远大志向中去，这就铸成了坚强的信念。这些信念熔铸而成的理想将带给大鹏一颗伟大的心灵，而成功者正脱胎于这些伟大的心灵。

本·侯根是世界上最伟大的高尔夫选手之一。他并没有其他选手那么好的体能，能力上也有一点缺陷，但他在坚毅、决心，特别是追求成功的强烈愿望方面高人一筹。

本·侯根在玩高尔夫球的巅峰时期，不幸遭遇了一场灾难。在一个有雾的早晨，他跟太太维拉丽开车行驶在公路上，当他在一个拐弯处掉头时，突然看到一辆巴士的车灯。本·侯根想这下可惨了，他本能地把身体挡在太太面前保护她。这个举动反而救了他，因为方向盘深深地嵌入了驾驶座。事后他昏迷不醒，过了好几天才脱离险境。医生们认为他的高尔夫生涯从此结束了，甚至断定他若能站起来走路就很幸运了。

但是他们并未将本·侯根的意志与需要考虑进去。他刚能站起来走几步，就渴望恢复健康再上球场。他不停地练习，并增强臂力。起初他还站得不稳，再次回到球场时，也只能在高尔夫球场蹒跚而行。后来他稍微能工作、走路，就走到高尔夫球场练习。开始只打几球，但是他每次去都比上一次多打几球。最后，当他重新参加比赛时，名次上升得很快。

理由很简单，他有必赢的强烈愿望，他知道他会回到高手之列。是的，普通人跟成功者的差别就在于有无这种强烈的成功愿望。

成功学大师卡耐基曾说："欲望是开拓命运的力量，有了强烈的欲望，就容易成功。"因为成功是努力的结果，而努力又大都产生于强烈的欲望。正因为这样，强烈的创富欲望，便成了成功创富最基本的条件。如果你不想再过贫穷的日子，就要有创富的欲望，并让这种欲望时时刻刻激励你，让你向着这一目标坚持不懈地前进。许多成功者有一个共同的体会，那就是创富的欲望

第三章 等来的是失望，拼出来的才是成功

是创造和拥有财富的源泉。

20世纪人类的一项重大发现，就是认识到思想能够控制行动。你怎样思考，你就会怎样去行动。你要是强烈渴望致富，你就会调动自己的一切能量去创富，使自己的一切行动、情感、个性、才能与创富的欲望相吻合。

对于一些与创富的欲望相冲突的东西，你会竭尽全力去克服；对于有助于创富的东西，你会竭尽全力地去扶植。这样，经过长期努力，你便会成为一个富有者，使创富的愿望变成现实。相反，你要是创富的愿望不强烈，一遇到挫折，便会偃旗息鼓，将创富的愿望压抑下去。

保持一颗渴望成功的心，你就能获得成功。

面对机会莫迟疑

令人筋疲力尽的并不是要做的事本身，而是事前事后患得患失的心态。一个失败者的最大特征就是顾虑再三，犹豫不决。

伟大的作家雨果说过："最擅长偷时间的小偷就是'迟疑'，它还会偷去你口袋中的金钱和成功。"虽然我们没有100%的把握保证每一次决定都能获得成功，但是现实的情况就是等待不如决断。所以，在机会转瞬即逝的当代社会，等待就意味着"放弃"，成功者宁愿"立即失败"，也不愿犹豫不决。SAP公司的CEO普拉特纳曾经说过这么一句话："我宁可做6个正确决定和4个错误决定，也不要犹豫等待。"

当恺撒大帝来到意大利的边境卢比孔河时，看似神圣而不可侵犯的卢比孔河使他的信心有所动摇。他想到，如果没有参议院的批准，任何一名将军都不允许侵略一个国家。此时他的选择只有两种——"要么毁灭我自己，要么毁灭我的国家"，最后他毅然做出决定，喊着："不要惧怕死亡！"带头跳入了卢比孔河。就是因为这一时刻的决定，世界历史随之而改变。

所以，获得成功的最有力的办法，是迅速做出该怎么做一件事的决定。排除一切干扰因素，而且一旦做出决定，就不要再继续犹豫不决，以免我们的决定受到影响，有的时候犹豫就意味着失去。

古希腊有一位哲学家，饱读经书，富有才情，很多女人迷恋他。一天，一个女子来敲他的门，说："让我做你的妻子吧！错过我，你将再也找不到比我更爱你的女人了！"哲学家虽然也很喜欢她，却回答说："让我考虑考虑！"

哲学家犹豫了很久，终于下定决心娶那位女子。哲学家来到女人的家中，问女人的父亲："你的女儿呢？请你告诉她，我考虑清楚了，我决定娶她为妻！"女人的父亲冷漠地回答："你来晚了10年，我女儿现在已经是3个孩子的妈了！"

哲学家听了，几乎崩溃。后来，哲学家抑郁成疾。临终，他将自己所有的著作丢入火堆，只留下一句对人生的批注——下一次，我绝不犹豫！

所以，面对选择，一定要迅速做出决断，哪怕做出错误的选择也好过犹犹豫豫。因为，机会一旦错过了，是不会再有的。

有一个小男孩，一天在外面玩耍时，发现一只不会飞的小麻雀，决定把小麻雀带回家喂养，但是想起应该先和爸爸说一声，取得他的同意。于是他想了想，决定先去找爸爸。

爸爸一听就同意了，可是等小男孩回来的时候，一只黑猫正好把地上的麻雀叼走吃了。小男孩伤心不已，暗暗下定决心：只要是自己认定的事情，决不优柔寡断。后来这位小男孩成了电脑名人，他就是王安博士。

人生的道路上，许多机会都是转瞬即逝的。机会不会等人，如果犹豫不决，很可能会失去很多成功的机遇。

犹豫拖延的人没有必胜的信念，也不会有人信任他们。果断积极的人就不一样，他们是世界的主宰。放眼古今中外，能成大事者都是当机立断之人，他们快速做出决定，并迅速执行。

在确定圣彼得堡和莫斯科之间的铁路线时，总工程师尼古拉斯拿出了一把尺子，在起点和终点之间画了一条直线，然后用不容辩驳的语气斩钉截铁地宣布："你们必须这样铺设铁路。"于是，铁路线就这样轻而易举地确定了。

综观历史，成功者比别人果断，比别人迅速，较别人敢于冒险。因此，能把握更多的机会，所以往往成为成功者。实际上，一个人如果总是优柔寡断，犹豫不决，或者总在毫无意义地思考自己的选择，一旦有了新的情况就轻易改变自己的决定，这样的人成就不了任何事，只能羡慕别人的成功，在后悔中度过一生！

等待机会不如创造机会

诺贝尔的一生和炸药紧密相连，炸药带给他欢乐，也带给他痛苦，带给他责骂，也带给他赞扬。

诺贝尔的父亲就是一个炸药爱好者，很小的时候，诺贝尔就看见父亲研究炸药。父亲研制的水雷曾被俄军用于克里米亚战争中，用来阻挡英国舰队的前进。由于父亲经常换工作，诺贝尔所受的教育多半来自家庭教师。

17岁时，诺贝尔以工程师的名义到了美国，在有名的艾利逊工程师的工场里实习。实习期满后，他又到欧美各国考察了4年，才回到家中。不久，父亲从俄国搬回瑞典。当时正是采矿业发展的时期，对性能稳定的炸药需求旺盛，诺贝尔决定改进炸药生产。

在诺贝尔之前，中国"四大发明"之一的黑色火药早已传到欧洲。但黑色火药的威力不够大，而另一种新的炸药又是个"暴脾气"，容易爆炸，制造、存放和运输都很危险，人们不知道该怎么使用它。诺贝尔的哥哥曾试图制造出更好的炸药，但却没有实用价值。诺贝尔和他的弟弟一起建立了实验室，继续哥哥的研究。经过多次的试验，诺贝尔终于发明了使硝化甘油爆炸的有效方法，并取得了这项发明的专利权。初获成功之后，意外却降临了。1864年9月3日，实验室发生爆炸，当场炸死了五人，其中包括诺贝尔的弟弟。这场事故不仅让诺贝尔失去了亲人，也失去了邻居们的信任。再也没有人愿意他在附近办实验室，诺贝尔只好把设备转移到一只船上。几经波折，诺贝尔还是建造了世界上第一个硝化甘油工厂。

但这并不是故事的结尾。世界各国买了他制造的硝化甘油，经常发生爆炸事故：美国的一列火车，因炸药爆炸，成了一堆废铁；德国的一家工厂，因炸药爆炸，厂房和附近民房变成一片废墟；"欧罗巴"号海轮，在大西洋上遇到大风颠簸，引起硝化甘油爆炸，船沉人亡。世界各国对硝化甘油失去信心，但诺贝尔没有灰心，而是去想办法解决硝化甘油不稳定的问题。

1867 年 7 月 14 日，诺贝尔拉来火药需求商，在他们面前表演了一个重要的节目：他先在一箱安全炸药上点燃木柴，结果没有爆炸；再把一箱安全炸药从大约 20 米高的山崖上扔下去，结果，也没有爆炸；然后，他在石洞中装入安全炸药，用雷管引爆，结果都爆炸了。这次实验，获得了完全的成功，给参观的人留下了深刻的印象：诺贝尔的安全炸药，确实是安全的。不久，诺贝尔建立了安全炸药托拉斯，向全世界推销这种炸药。如果诺贝尔等着客户来找自己，他可能永远都在自己的小山沟中做实验，走不出实验的范畴。但是既然没有人找到他，他就把别人找过来。炸药的安全性不需要多言，通过对比就一目了然了，别人看了他的炸药，还有什么好怀疑的呢？

诺贝尔的故事适合那些自认为怀才不遇的人，当你真的有才华的时候，就要创造机会来表现自己的才华！事实上，绝大部分人的成功都是靠自己争取得来的，坐等机会的人，最终很少能遇到天时地利的时候，最后耽误的只能是自己。

第四章

只要有勇气，命运就
会改变

不怕负重，更要进取

遭遇苦难时，肩挑重担时，不妨自豪地说一句，上帝把沉重的十字架挂在我的脖子上，那是因为：我驮得动！让生命负重，其实就是让人在压力下得到锻炼，增长才干。就像船，没有负重的船会被大浪掀翻，就像心灵，没有思想的心灵会飘浮如云。

有两名大学生，毕业后进了某公司的同一个办公室。大学生甲出身农村，为人老实而踏实；大学生乙自幼在城市长大，为人圆滑，善搞人际关系。刚开始，两人分别干着分配给自己的那份工作，都干得很卖力，也干得很不错。不久大学生甲发现主任竟把一些本属于乙的工作分给自己做，自己每天忙得像个陀螺转个不停，而乙却无所事事。后来听别人说乙的父亲同办公室主任关系密切。他虽心里不快，但想了想最终忍气吞声，继续干着。

但到后来，事情越来越出格，甲每天要干的事越来越多，几乎把乙的工作全做了，每天要加班到很晚，而乙却到办公室点个到就走了。甲觉得自己像一头老黄牛，背负的东西越来越沉，他终于忍无可忍，请了假回到乡下，准备辞职外出闯天下。乡下的父亲听了儿子诉苦，反而高兴地说："真的，你一个人能把两个人干的事都给做下了？"

"整天累死，工资又不多拿一分，有啥可高兴的？"儿子没好气地说。

父亲没有说话，随手拿了两张纸，使劲扔出一张，那纸飘飘摇摇落在跟前，然后老父亲又从地上捡了一块石头包进另一张纸里，随手一扔就扔出很远。"孩子，你看石头沉吗？可加了石头的那张纸却扔得远。年轻人多做些事，肩上压重点儿的担子，能锻炼人，是好事！"

听了父亲的话甲大为振奋，回单位仍干着原来的工作，而且更加积极、主动。不久，他一个人干两个人的事竟也能干得得心应手。

一年之后，部门进行优化组合，甲荣升办公室主任，而乙却下岗了。

生活中人们往往容易陷入一个误区：盲目地羡慕轻松、舒适没有压力却有着高回报的工作，可是市场经济时代还有这种工作吗？也有人希望自己的一生轻松自在、愉快无忧，没有痛苦和磨难，甚至连困难也没有，可是又有谁会有这样的"幸运"呢？难道没有压力和困难的人生就是幸运的吗？

有这样一则寓言：

有两艘新造的船准备出海，一艘船上装了很多货物，另一艘船却什么也不肯装。它对装满货物的船说：'老兄，你可真傻，装那么多东西压得多难受呀，你看我一身轻松，多自在啊！"

装满货物的船说："我们做船本来就是要装货的，什么也不装，那还叫船吗？"

出海的时间到了，它们都驶上了自己的行程。刚开始在海上风平浪静，那艘空船得意扬扬地行驶在前面，它一再嘲笑后面那艘船的笨重。不久，大海上起了风浪。风越刮越猛，浪越来越高。装满货物的船因为重心很稳，仍平稳地在风浪中穿行。而那艘空船却被大浪掀翻，沉入海底。

其实人的一生要负载很多东西，比如苦难，比如沉重的生活和繁重的工作。谁也不知道自己哪天会面临哪些沉重的东西，并把这些东西扛在肩上风雨兼程地向前赶路。如果有些东西注定是我们无法逃避、必须面对的，我们不妨以一种积极的态度去面对。人生什么时候起跑都不算晚，关键是不怕负重，更要进取。

做事要保持勇敢

19世纪，在英国的名门公立学校——哈罗学校，常常会出现以强凌弱、以大欺小的事情。

有一天，一个强悍的高个子男生，拦在一个新生的面前，颐指气使地命令他替自己做事，新生初来乍到，不明白其中"原委"，断然拒绝。高个子恼羞成怒，一把揪住新生的领子，劈头盖脸地打起来，嘴里还骂骂咧咧："你这小子，为了让你聪明点，我得好好开导你！"新生痛得龇牙咧嘴，却不肯乞怜告饶。

旁观的学生或者冷眼相看，或者起哄嬉笑，或者一走了之。只有一个外表文弱的男生，看着这欺凌的一幕，眼里渐渐涌出了泪水，终于忍不住嚷起来："你到底还要打他几下才肯罢休！"

高个子朝那个又尖又细的抗议的声音望去，一看也是个瘦弱的新生，就恶狠狠地骂道："你这个不知天高地厚的家伙，问这个干吗？"

那个新生用眼睛盯着他，毫不畏惧地回答："不管你还要打几下，让我替他忍受一半的拳头吧。"

高个子听到这出人意料的回答，不禁怯懦地停住了手。

从这以后，学校里反抗恶行暴力的声音开始响亮，帮助弱者的善举也逐渐增多，两个新生也成了莫逆之交。那位被殴打的少年，深感爱与善的可贵，后来成为英国颇负盛名的大政治家罗伯特·比尔；挺身而出、愿为陌生弱者分担痛苦的，则是扬名全世界的大诗人拜伦。

人生途中，我们也需要像拜伦一样，在别人只是畏惧地逃避，或幸灾乐祸地观看时，能够拿出罕有的勇气，为了善，为了爱，也为启迪和震撼那些冷漠的心灵。

现实世界的很多斗争都是勇气的较量，常常是勇者得胜。只有具备一颗勇敢的心，我们才能发挥出超过平时双倍的力量，什么都不顾地冲向前方，甚至一鼓作气地到达终点。这就是为什么人们在危急时刻才能爆发出巨大潜力的原因。

我国唐代柳宗元的《黔之驴》中故事是这样的：

贵州本没有驴，有个喜欢多事的人用船运进一头驴来，运到之后却没有什么用途，就把它放在山脚下。一只老虎看到它是个形体高大、强壮的家伙，就把它当成神奇的东西了，隐藏在树林中偷偷观看。过了一会儿，老虎渐渐靠近它，小心翼翼，不知道它究竟是个什么东西。

有一天，驴大叫起来，老虎吓了一大跳，逃得远远的，认为驴子将要咬自己了，非常害怕。可是老虎来来回回地观察它，感到它没有什么特殊本领似的。渐渐听惯了它的叫声，又试探地靠近它，在它周围走动，但终究不敢向驴进攻。老虎又渐渐靠近驴子，进一步戏弄它，碰撞、倚靠、冲撞、冒犯它。驴禁不住发起怒来，用蹄子踢老虎。老虎因而很高兴，心里盘算着说："它的本事不过如此罢了！"于是跳起来大声吼着，咬断驴的喉咙，吃光它的肉，然后才离开。

如果故事中的老虎被驴的叫声吓跑，再也不敢接触它，那老虎就永远不能享受这顿美餐。

道理显而易见，面对敌人一定要勇敢，你强他就弱，你弱他就强，很多时候，敌对双方的较量其实就是心理上的较量。缺乏勇敢永远不会有大的成就。勇敢面对你的敌人，有时你发现其实你并不懦弱，而且还会有超出你想象的强大力量。

正如歌德老人所说：你若失去了财产，你只失去了一点；你若失去了荣誉，你就丢掉了许多；你若失掉了勇敢，你就把一切都失掉了！如果你想得到，一定要具有勇敢地面对困难的态度。狭路相逢勇者胜，为了胜利一定要保持勇敢。

用微小的努力推开成功的大门

美国心理学家斯科特·派克说：不恐惧不等于有勇气；勇气使你尽管害怕，尽管痛苦，但还是继续向前走。在这个世界上，只要你真实地付出，就会发现许多门都是虚掩的！微小的勇气，能够完成无限的成就。

不卑不亢无论是对事还是对人都有一种极强的穿透力，如果你幸运，与生俱来就有这种品性，那么很值得恭贺；如果你还没有养成这种性格，那么尽快培养吧，人的生命很需要它！

有一个国王，他想委任一名官员担任一项重要的职务，就召集了许多威武有力和聪明过人的官员，想试试他们之中谁能胜任。

"聪明的人们，"国王说，"我有个问题，我想看看你们谁能在这种情况下解决它。"国王领着这些人来到一座大门——一座谁也没见过的最大的门前。国王说："你们看到的这座门是我国最大最重的门。你们之中有谁能把它打开？"许多大臣见了这门都摇了摇头，其他一些比较聪明一点的，也只是走近看了看，没人敢去开这门。当这些聪明人说打不开时，其他人也都随声附和。只有一位大臣，他走到大门处，用眼睛和手仔细检查了大门，用各种方法试着去打开它。最后，他抓住一条沉重的链子一拉，门竟然开了。其实大门并没有完全关死，而是留了一条窄缝，任何人只要仔细观察，再加上有胆量去开一下，都会把门打开的。国王说："你将要在朝廷中担任重要的职务，因为你不光限于你所见到的或所听到的，你还有勇气靠自己的力量冒险去试一试。"

史东是"美国联合保险公司"的主要股东和董事长，同时，也是另外两家公司的大股东和总裁。

然而，他能白手起家，创出如此巨大的事业却是经历了无数次磨难的结果，或者我们可以这样说，史东的发迹史也是他勇气作用的结果。

在史东还是个孩子时，就为了生计到处贩卖报纸。有家餐馆把他赶出来好多次，他却一再地溜进去，并且手里拿着更多的报纸。那里的客人为其勇气所动，纷纷劝说餐馆老板不要再把他踢出去，并且都解囊买他的报纸。

史东一而再再而三地被踢出餐馆，屁股虽然被踢痛了，但他的口袋里却装满了钱。

史东常常陷入沉思。"哪一点我做对了呢？""哪一点我又做错了呢？""下一次，我该这样做，或许不会挨踢。"这样，他用自己的亲身经历总结出了引导自己达到成功的座右铭："如果你做了，没有损失，而可能有大收获，那就放手去做。"

当史东16岁时，在一个夏天，在母亲的指导下，他走进了一座办公大楼，开始了推销保险的生涯。当他因胆怯而发抖时，他就用卖报纸时被踢后总结出来的座右铭来鼓舞自己。

就这样，他抱着"若被踢出来，就试着再进去"的念头推开了第一间办公室。

他没有被踢出来。那天只有两个人买了他的保险。从数量而言，他是个失败者。然而，这是个零的突破，他从此有了自信，不再害怕被拒绝，也不再因别人的拒绝而感到难堪。

第二天，史东卖出了四份保险。第三天，这一数字增加到了六份……

20岁时，史东设立了只有他一个人的保险经纪社。开业第一天，销出了54份保险单。有一天，他更创造了一个令人瞠目的纪录——122份。以每天8小时计算，每4分钟就成交了一份。

在不到30岁时，他已建立了巨大的史东经纪社，成为令人叹服的"推销大王"。

微小的努力能带来巨大的成功，想想当初如果史东没有胆量去推开门，那他就只能选择放弃了。

是啊，成功和失败之间就隔着一道虚掩的门，以小小的勇气去推开它，生活就会完全不一样。

胆识是一种大智大勇

优秀的人需要勇气，需要胆识，需要气魄，需要开拓进取，去做别人不敢做的事。这胆识是一种大智大勇，有了它我们才可以力挽狂澜。

台塑成立之初，碰到了一个极大的难题：公司生产的塑胶粉居然一斤也卖不出去，全部堆积在仓库里。王永庆经过调查后，得出结论：产品销不出去的根本原因是价格太贵。

原来，王永庆在计划投资生产塑胶粉时，预计每吨的生产成本在 800 美元左右，而当时的国际行情价是每吨 1000 美元，有利可图。然而，市场是变化无常的，等台塑建成投产后，国际行情价已经跌至 800 美元以下；而台塑因为产量少，每吨生产成本在 800 美元以上，显然不具备竞争力；加上当时外销市场没打开，台湾岛内仅有的两家胶布机需求量不大，且认为台塑的塑胶粉品质欠佳，拒绝采用。因此，台塑的产品严重滞销也就可想而知了。

为了解决这一困境，王永庆决定：扩大生产，降低成本。

在产品严重积压时扩大生产，显然有违常理，因此，王永庆的决定受到公司内外纷纷反对。公司内部的反对意见更是激烈，他们主张请求政府管制进口加以保护，否则，以现有的产量都已经销不出去，增加产量不是会造成更加沉重的库存压力吗？

王永庆认为，靠政府保护是治标不治本的短视行为，要想在市场上长期立足，唯一的办法就是增强自身竞争力。扩大生产虽然不一定能保证成功，但至少强于坐以待毙。

1958 年，在王永庆的坚持下，台塑进行了第一次扩建工程，使月产量在原先 100 吨的基础上翻了一番，达到 200 吨。

然而，在台塑扩建增产的同时，日本许多塑胶厂的产量也在成倍增加，成本降幅比台塑更大。相比之下，台塑公司的产品成本还是偏高，依然不具备市场竞争力。怎么办？王永庆决定继续增产。不过，增产多少呢？如果一点一点往上加，始终落在别人后面，仍然不能改变被动局面，不如一步到位。

为此，王永庆召集公司的高层干部以及专门从国外请来的顾问共商对策。会上，有人提议，在原来的基础上再扩增一倍，即提高至月产量 400 吨；外国顾问则提出增至 600 吨。

王永庆提议：增至 1200 吨。这一数字惊得在场的所有人直发呆，他们怀疑是不是听错了。

外国顾问再次建议："台塑最初的规模只有 100 吨，要进行大规模的扩建，设备就得全部更新。虽然提高到 1200 吨，成本会大大降低，但风险也随之增大。因此，600 吨是一个比较合理而且保险的数字。"他的意见得到大多数人认同。

王永庆坚持认为："我们的仓库里，积压产品堆积如山，究其原因是价格太高。现在，日本的塑料厂月产量达到 5000 吨，如果我们只是小改造，成本下不来，仍然不具备竞争能力，结果只有死路一条。我们现在是骑在老虎背上，如果掉下来，后果不堪设想。只有竭尽全力，将老虎彻底征服！"

终于，王永庆的胆识与气魄折服了所有的人，包括外国顾问在内，都投了赞成票。

1960年，台塑的第二期扩建工程如期完成，塑胶粉的月产量激增至1200吨，成本果然大幅度降低，从而具备了市场竞争的条件。此后，台塑的产品不但逐渐垄断了台湾岛内市场，而且漂洋过海，在国际市场上站稳了脚跟，并逐步拓展领地，成为世界塑胶业的"霸主"。

与众不同的胆识是他抓住机遇、扭转乾坤的最大财富。在危难的时候，是胆识让人坚定、明智地做出别人不敢做的决定。它不是鲁莽和自负，而是胸有成竹的胆识。有位法国哲学家曾经提出这样一个例证：假定有一匹驴子站在两堆同样大、同样远的干草之间，如果它不能决定应该先吃哪堆干草，它就会饿死在两堆干草之间。

事实上，现实生活中的驴子是绝对不会在这样的情境中饿死的，它会很快地做出决定。但是，你又不得不承认真有那么些人，在需要他们出主意、想办法、做决定的时候，却像例证中的驴子那样束手无策，窘迫得进退两难。

在人生旅途中，有许多事需要我们做出决策。

遇事当断则断，当行则行，当止则止，在复杂环境和逆境中能及时做出各种应变和决策，决不含糊和拖泥带水，这是一个能应付命运挑战的人必备的心理品质。

胆识，是理性的创造，合乎规律的举动。

胆识过人，才产生惊人的效益，开拓骄人的新局面。

会推销自己，才会出人头地

古人所言"沉默是金"的年代，早已一去不复返，对于现代人来说，如果不懂适时地包装好自己的形象，把握机会推销自己，就很难有出人头地的机会。

有个有名的才女，不但琴棋书画无所不通，口才与文采也是无人可与之比肩。大学毕业后，在学校的极力推荐下她去了一家小有名气的杂志社工作。谁知就是这样的一个让学校都引以为豪的人物，在杂志社工作不到半年就被炒了鱿鱼。

原来，在这个人才济济的杂志社内，每周都要召开一次例会，讨论下一期杂志的选题与内容。每次开会很多人都争先恐后地表达自己的观点和想法，只有她总是悄无声息地坐在那里一言不发。

她原本有很多好的想法和创意，但是她有些顾虑，一是怕自己刚刚到这里便"妄开言论"，被人认为是张扬，是锋芒毕露，二是怕自己的思路不合主编的口味，被人看作为幼稚。就这样，在沉默中她度过了一次又一次激烈的争辩会。有一天，她突然发现，这里的人们都在力陈自己的观点，似乎已经把她遗忘在那里了。于是她开始考虑要扭转这种局面。但这一切为时已晚，没有人再愿意听她的声音了，在所有人的心中，她已经根深蒂固地成了一个没有实力的花瓶人物。最后，她终于因自己的过分沉默而失去了这份工作。

我们在生活中常说沉默是金，但也不能忘了，沉默同时也是埋没天才的沙土。

或许在某种特殊的场合下，沉默谦逊确实是一种"此时无声胜有声"的制胜利器，但无论如何你也不要把它处处当作金科玉律来信奉。在人才竞争中，你要将沉默、踏实、肯干、谦逊的美德和善于表现自己结合起来，才能更好地让别人赏识你。

记住：再好的酒也怕巷子深。如果想在现代社会谋得一席之地，除了自己努力之外，还要把握机会适时展现自己的优点。

现在是一个讲究张扬自己个性的时代，尤其是身处职场上的人们，在关键时刻恰当地张扬也就是"秀"一下，不失为一个引起领导注意的好办法。

一位刚从管理系毕业的美国大学生去见一家企业的老板，试图向这位总经理推销"自己"——到该企业工作。

由于这是一家很有名气的大公司，总经理又见多识广，根本没把这个初出茅庐、乳臭未干的小伙子放在眼里。没谈上几句，总经理便以不容商量的口吻说："我们这里没有适合你的工作。"

这位大学生并未知难而退，而是话锋一转，柔中带刚地向这位经理发出了疑问："总经理的意思是，贵公司人才济济，已完全可以使公司得到成功，外人纵有天大本事，似乎也无须加以利用。再说像我这种管理系毕业生是否有成就还是个未知数，与其冒险使用，不如拒之于千里之外，是吗？"

总经理沉默了几分钟，终于开口说："你能将你的经历、想法和计划告诉我吗？"

年轻人似乎很不给面子，他又将了总经理一军："噢！抱歉，抱歉，我方才太冒昧了，请多包涵！不过像我这样的人还值得占用您的时间跟您一谈吗？"

总经理催促着说："请不要客气。"

于是，年轻人便把自己的情况和想法说了出来。总经理听后，态度变得和蔼起来，并对年轻人说："我决定录用你，明天来上班，请保持过去的热情和毅力，好好在我公司干吧！相信你有用武之地。"

没有勇气，就没有成功

"应当惊恐的时候，是在不幸还能弥补之时；在它们不能完全弥补时，就应以勇气面对。"

从著名女作家乔治·艾略特的自传中，人们终于知道了她为什么没有与赫伯特·斯宾塞结婚。那不是她的错，因为她非常爱他，非常想与他结婚。他们有很多共同之处，他也追求她很多年，很多人都以为他们将要结婚。

有一天，斯宾塞用抛硬币来决定是否结婚，他事先想好，如果是正面就结婚，如果是反面就不结婚。结果硬币是反面，他决定不结婚。这个决定既残酷，又草率。这深深地伤害了艾略特，因为她深深地爱着他，也期待着他的爱。她很痛苦。

在心碎数月之后。她写信给一位朋友说："我很好，很'勇敢'，我本来想把这个词换成'快乐'的。"当然，她也是幸运的，因为斯宾塞像一头蠢猪一样冷酷、抽象而又易怒。如果他们结婚，她所受到的痛苦可能更大，更不用说斯宾塞常年有病了。

实际上，这可以称得上是一种幸运的解脱方式。斯宾塞的个性僵硬，很多人认为他的哲学也是僵硬的。用抛硬币来决定终身大事，这样的行为如果不是出于自私，他的心理肯定有问题。由于斯宾塞一生未婚，可以说，对于其他女性来说，这也是幸运的。

当我们知道"勇气"可以代替"快乐"时，我们是幸运的，只是因为它揭示了生活中的一个事实。虽然我们失去了一些东西，但是，我们同时也有所得。即使我们没有运气，我们也可以有勇气。幸运也是变幻无常的，它会赋予一个人名声，赋予另一个人财富，并且可以毫无理由。勇气却是一个稳定而又可以依靠的朋友，只要我们信任它。

有句古老的谚语说："生来就拥有财富还不如生来就有好运。"这句话说得也许正确，但是，如果生来就拥有勇气则会更好。财富可能会挥霍一空，好运可能会掉头而去，而勇气则会常伴你左右。

正像乔治·艾略特面对失恋的痛苦一样，让我们用笑脸来迎接悲惨的厄运，用百倍的勇气来应付一切的不幸。勇气在哪里，成功就在哪里；勇气在哪里，生命就在哪里。

最可靠的人是自己

人生总是会遇到不顺的情况，很多人处于不利的困境时总期待借助别人的力量改变现状，殊不知，在这个世界上，最可靠的人不是别人，而是你自己，要知道，靠山山会倒。为何总想着依赖别人，而不是依赖自己呢？在这个世界上，你要勇敢地做你自己的上帝，因为，你的命运只能由你自己来主宰。

从事个性分析的专家罗伯特·菲利浦有一次在办公室接待了一位因自己开办的企业倒闭、负债累累、离开妻女四处为家的流浪者。那人进门打招呼说："我来这，是想见见这本书的作者。"说着，他从口袋里拿出一本名为《自信心》的书，那是罗伯特多年前写的。

流浪者说："一定是命运之神在昨天下午把这本书放入我的口袋里的，因为我当时决定跳入密歇根湖，了此残生。我已经看破一切，认为一切已经绝望，所有的人（包括上帝在内）已经抛弃了我。但还好，我看到了这本书，它使我产生了新的看法，为我带来了勇气及希望，并支持我度过昨天晚上。我已下定决心，只要我能见到这本书的作者，他一定能协助我再度站起来。现在，我来了，我想知道你能替我这样的人做些什么，能给我指一条明路。"

在他说话的时候，罗伯特从头到脚打量着这位流浪者，发现他眼神茫然、神态紧张。这一切都显示，这个人已经无可救药了，但罗伯特不忍心对他这样说。因此，罗伯特请他坐下，要他把自己的故事完完整整地说出来。

听完流浪汉的故事，罗伯特想了想，说："虽然我没有办法帮助你，但如果你愿意的话，我可以介绍你去见一个人，他可以帮助你赚回你所损失的钱，并且协助你东山再起。"罗伯特刚说完，流浪汉立刻激动地跳了起来，他紧紧地抓住罗伯特的手，说道："看在上天的分上，请带我去见这个人。"

他会为了"上天的分上"而提此要求，显示他心中仍然存在着一丝希望。听以，罗伯特拉着他的手，引导他来到从事个性分析的心理试验室，和他一起站在一块窗帘之前。罗伯特把窗帘拉开，露出一面高大的镜子，罗伯特指着镜子里的流浪汉说："就是这个人。在这个世界上，只有这个人能够使你东山再起，除非你坐下来，彻底认识这个人——当作你从前并未认识他——否则，你只能跳到密歇根湖里。因为在你对这个人未做充分的认识之前，对于你自己或这个世界来说，你都将是一个没有任何价值的废物。"

流浪汉朝着镜子走了几步，用手摸摸他长满胡须的脸孔，对着镜子里的人从头到脚打量了几分钟，然后后退几步，低下头，开始哭泣起来。过了一会儿，罗伯特领他走出电梯间，送他离去。

几天后，罗伯特在街上碰到了这个人。他不再是一个流浪汉形象，他西装革履，步伐轻快有力，原来的衰老、不安、紧张已经消失不见。他说，感谢罗伯特先生让他找回了自己，并很快找到了工作，他会努力把失去的找回来。

后来，那个人真的东山再起，成为芝加哥的富翁。

人要勇敢地做自己的上帝，因为真正能够主宰自己命运的人就是自己，当你相信自己的力量之后，你的脚步就会变得轻快，你就会离成功的目标越来越近。只有做自己的上帝，你才能充分发挥你自身的潜能。如果你还在等待别人的帮助，那就在这一刻改变吧。

第四章　只要有勇气，命运就会改变

从 21 世纪人才的竞争来看，社会对人才素质的要求是很高的，除了具备良好的身体素质和智力水平，还必须具备生存意识、竞争意识、科技意识，以及创新意识。这就要求我们从现在开始注重对自己各方面能力的培养，只有使自己成为一个全面的、高素质的人，才可能在未来的竞争中站稳脚跟，取得成功。

人若失去自我，是一种不幸；人若失去自主，则是人生最大的缺憾。赤、橙、黄、绿、蓝、靛、紫，每个人都应该有自己的一片天地和特有的亮丽色彩。

你应该果断地、毫无顾忌地向世人宣告并展示你的能力、你的风采、你的气度、你的才智。在生活的道路上，必须自己做选择，不要总是踩着别人的脚印走，不要总是听凭他人摆布，而要勇敢地驾驭自己的命运，调控自己的情感，做自己的主宰，做命运的主人。

善于驾驭自我命运的人，是最幸福的人。只有摆脱了依赖，抛弃了拐杖，具有自信、能够自主的人，才能走向成功。自立自强是走入社会的第一步，是打开成功之门的金钥匙。

真正的自助者是令人敬佩的觉悟者，他会藐视困难，而困难也会在他面前轰然倒地。

行动起来，因为只有你自己才能真正帮助自己。依赖别人，不如期待自己。

宁可做了失败，也别不做后悔

生活中，很多事情你越是想远离痛苦就越觉得痛苦，越是想要放弃或逃避越是逃脱不了：父母生活在社会的底层，不能做你强有力的靠山，还要你赚钱贴补家用；你没有过人的才华，不懂得为人处世的技巧，在办公室里，你要小心翼翼地做人，唯恐一时失言把别人得罪了；你没有漂亮的脸蛋、魔鬼的身材，走在人群当中，你不知道该用怎样的资本去高昂头颅，展露属于自己的那份自信……

其实，逆风的方向，更适合飞翔。"我不怕万神阻挡，只怕自己投降。"一个人无论面对怎样的环境，面对再大的困难，都不能放弃自己的信念，放弃对生活的热爱。很多时候，打败自己的不是外部环境，而是你自己。

只要一息尚存，我们就要追求、奋斗。那么，即便遭遇再大的困难，我们都一定能化解、克服，并于逆风之处扶摇直上，做到"人在低处也飞扬"。

现今，人们传颂着一个动人的小故事：

许多年前，一个妙龄少女来到东京酒店当服务员。这是她的第一份工作，因此她很激动，暗下决心：一定要好好干！她想不到：上司安排她洗厕所！洗厕所！实话实说没人爱干，何况她从未干过粗重的活儿，细皮嫩肉，喜爱洁净，干得了吗？她陷入了困惑、苦恼之中，也哭过鼻子。这时，她面临着人生的一大抉择：是继续干下去，还是另谋职业？继续干下去——太难了！另谋职业——知难而退？人生之路岂有退堂鼓可打？她不甘心就这样败下阵来，因为她曾下过决心：人生第一步一定要走好，马虎不得！这时，同单位一位前辈及时地出现在她面前，他帮她摆脱了困惑、苦恼，帮她迈好这人生第一步，更重要的是帮她认清了人生路应该如何走。但他并没有用空洞理论去说教，而是亲自做给她看。

首先，他一遍遍地抹洗着马桶，直到抹洗得光洁如新；然后，他从马桶里盛了一杯水，一饮而尽喝了下去！竟然毫不勉强。实际行动胜过万语千言，他不用一言一语就告诉了少女一个极为朴素、极为简单的真理：光洁如新，要点在于"新"，新则不脏，因为不会有人认为新马桶脏，也因为马桶中的水是不脏的，是可以喝的；反过来讲，只有马桶中的水达到可以喝的洁净程度，才算是把马桶抹洗得"光洁如新"了，而这一点已被证明可以办得到。

同时，他送给她一个含蓄的、富有深意的微笑，送给她关注的、鼓励的目光。这已经够用了，因为她早已激动得几乎不能自持，从身体到灵魂都在震颤。她目瞪口呆、热泪盈眶、恍然大悟、如梦初醒！她痛下决心：

"就算一生洗厕所，也要做一名洗厕所最出色的人！"

从此，她成为一个全新的、振奋的人；从此，她的工作质量也达到了那位前辈的高水平，当然她也多次喝过马桶水，为了检验自己的自信心，为了证实自己的工作质量，也为了强化自己的敬业心。

坚定不移的人生信念，表现为她强烈的敬业心："就算一生洗厕所，也要做一名洗厕所最出色的人。"这一点就是她成功的奥秘之所在；这一点使她几十年来一直奋进在成功路上；这一点使她从卑微中逐渐崛起，直至拥有了成功的人生。

缺点并不可怕，平凡也不是闪光的坟墓。人生之中，无论我们处于何种在他人看来卑微的境地，我们都不必自暴自弃，只要我们能耐得住寂寞，心中有渴望崛起的信念，只要我们能坚定不移地笑对生活，那么，我们一定能为自己开创一个辉煌美好的未来！

看不清未来，就把握好现在

当我们不具备成功的天赋时，只有脚踏实地，才能让自己站稳脚跟。正如山崖上的松柏，经过无数暴风雪的洗礼，只有坚定地盘固于土地，它们才长成坚固的树干。

一个人若不敢向命运挑战，不敢在生活中开创自己的蓝天，命运给予他的也许仅是一个枯井的地盘，举目所见将只是蛛网和尘埃，充耳所闻的也只是唧唧虫鸣。

所以，成功需要付出，希望需要汗水来实现，人生需要勤奋来铸就。

在美国，有无数感人肺腑、催人奋进的故事，主人公胸怀大志，尽管他们出身卑微，但他们以顽强的意志、勤奋的精神努力奋斗，锲而不舍，最终获得了成功。林肯就是其中的一位。

幼年时代，林肯住在一所极其简陋的茅草屋里，没有窗户，

也没有地板，用当代人的居住标准来看，他简直就是生活在荒郊野外。但是他并没放弃希望，为了希望他流再多的汗水也不会后悔。当时他的住所离学校非常远，一些生活必需品都相当缺乏，更谈不上可供阅读的报纸和书籍了。

然而，就是在这种情况下，他每天还持之以恒地走二三十里路去上学。晚上，他只能靠着木柴燃烧发出的微弱火光来阅读……

众所周知，林肯成长于艰苦的环境中，只受过一年的学校教育，但他努力奋斗、自强不息，最终成为美国历史上最伟大的总统之一。

任何人都要经过不懈努力才可能有所收获。世界上没有机缘巧合这样的事存在，唯有脚踏实地、努力奋斗才能收获美丽的奇迹。

亨利·福特从一所普通的大学毕业之后，便开始四处奔波求职，但均以失败告终。福特没有丧失对生活的希望，他依旧信心十足、自强不息、永不气馁。

为了找一份好工作，他四处奔走。为了拥有一间安静、宽敞的实验室，他和妻子经常搬家。短短的几年时间里，夫妻俩到底搬过几次家连他们自己也说不清了，但他们依旧乐此不疲。因为每一次搬迁，夫妇俩都有新的收获。贫困和挫折不仅磨炼了福特坚韧的性格，也锻炼了他的耐力和恒心，更使他有机会熟悉社会、了解人生，为未来新的冲刺做好了思想和技术的准备。

尽管贫困和挫折给他增添了不少的麻烦，但为了理想福特依然勤奋努力着，依然奋力拼搏着。功夫不负有心人，福特自强不息的精神和奋不顾身的打拼终于得到了回报。他应聘到爱迪生照明公司主发电站负责修理蒸气引擎，终于实现了自己的心愿。不久，他又因为工作出色，被提升为主管工程师。

坚定自强不息的信念，让它深深地根植于你的心中，它就会激发你各方面的潜能，使你勇敢面对工作中的一切困难和障碍。

努力把自己的事做得更好，就是一种创造！厨师把菜做得更美味可口，裁缝把衣服做得更美观耐穿，建筑师盖出更舒适的房屋，司机开车更安全，作家努力写出更好的文章，都会为自己带来幸运，同时也为他人带来幸福。

无论是在生活中还是在工作中，都需要我们脚踏实地，时时衡量自己的实力，不断调整自己的方向，一步一步达到自己的目标。

该出手时就出手

《致富时代》杂志上，曾刊登过这样一个故事：

有一个自称"只要能赚钱的生意都做"的年轻人，在一次偶然的机会，听人说市民缺乏便宜的塑料袋盛垃圾。他立即就进行了市场调查，通过认真预测，认为有利可图，马上着手行动，很快把价廉物美的塑料袋推向市场。结果，靠那条别人看来一文不值的"垃圾袋"的信息，两星期内，这位小伙子就赚了4万块。

相反，一位智商一流、执有大学文凭的翩翩才子决心"下海"做生意。

有朋友建议他炒股票，他豪情冲天，但去办股东卡时，他又

犹豫道："炒股有风险啊，等等看。"

又有朋友建议他到夜校兼职讲课，他很有兴趣，但快到上课了，他又犹豫了："讲一堂课，才 20 块钱，没有什么意思。"

他很有天分，却一直在犹豫中度过。两三年了，一直没有"下"过海，碌碌无为。

一天，这位"犹豫先生"到乡间探亲，路过一片苹果园，望见满眼都是长势茁壮的苹果树，禁不住感叹道："上帝赐予了一块多么肥沃的土地啊！"种树人一听，对他说："那你就来看看上帝怎样在这里耕耘吧。"

有些人不是没有成功立业的机遇，只因不善抓机遇，所以最终错失机遇。他们做人好像永远不能自主，非有人在旁扶持不可，即使遇到任何一点小事，也得东奔西走地去和亲友邻人商量，同时脑子里更是胡思乱想，弄得自己一刻不宁。于是愈商量、愈打不定主意，愈东猜西想、愈是糊涂，就愈弄得毫无结果，不知所终。

没有判断力的人，往往使一件事情无法开场，即使开了场，也无法进行。他们的一生，大半都消耗在没有主见的怀疑之中，即使给这种人成功的机遇，他们也永远不会达到成功的目的。

一个成功者，应该具有当机立断、把握机遇的能力。他们只要自己把事情审查清楚，计划周密，就不再怀疑，立刻勇敢果断地行事。因此任何事情只要一到他们手里，往往能够随心所欲，大获成功。在行动前，很多人提心吊胆，犹豫不决。在这种情况下，首先你要问自己："我害怕什么？为什么我总是这样犹豫不决，抓不住机会？"

在成功之路上奔跑的人，如果能在机遇来临之前就能识别它，在它消逝之前就果断采取行动占有它，这样，幸运之神就来到你的面前。

当机立断，将它抓获，以免转瞬即逝，或是日久生变。看来，握住机遇，眼力和勇气是不可缺少的。

机遇是一位神奇的、充满灵性的，但性格怪僻的天使。它对每一个人都是公平的，但绝不会无缘无故地降临。只有经过反复尝试，多方出击，才能寻觅到它。

在通往成功的道路上，每一次机会都会轻轻地敲你的门。不要等待机会去为你开门，因为门闩在你自己这一面。机会也不会跑过来说"你好"，它只是告诉你"站起来，向前走"。知难而退，优柔寡断，缺乏勇往直前的勇气，这便是人生最大的遗憾。

要善于发现机会。很多的机会好像蒙尘的珍珠，让人无法一眼看清它华丽珍贵的本质。踏实的人并不是一味等待的人，要学会为机会拭去障眼的灰尘。

也要善于把握机会。没有一种机会可以让你看到未来的成败，人生的妙处也在于此。不通过拼搏得到的成功就像一开始就知道真正凶手的悬案电影般索然无味。选择一个机会，不可否认有失败的可能。将机会和自己的能力对比，合适的紧紧抓住，不合适的学会放弃。用明智的态度对待机会，也使用明智的态度对待人生。

不要为自己找借口了，诸如别人有关系、有钱，当然会成功；别人成功是因为抓住了机遇，而我没有机遇，等等。这些都是你维持现状的理由，其实根本原因是你根本没有什么目标，没

第四章 只要有勇气，命运就会改变

有勇气，你根本不敢迈出成功的第一步，你只知道成功不会属于你。如果一生只求平稳，从不放开自己去追逐更高的目标，从不展翅高飞，那么人生便失去了意义。

这是一条生活准则，从你停止把握机会的那一刻起，你就开始死亡了。如果在商业中你总是毫无变化地做相同的事，那你就会破产。如果我们的行为同我们的祖先一样，那么进化过程就会停滞不前。世界会与你擦肩而过——它只为那些不断超越现状的人打开通向生活的大门。

人对于改变，多多少少会有一种莫名的紧张和不安，即使是面临代表进步的改变也会这样，这就是害怕冒风险造成的。

但丁在《神曲》中描述这样一个细节：但丁在古罗马诗人维吉尔的引导下，游历了惨烈的九层地狱后来到炼狱，一个魂灵呼喊他，他便转过身去观望。这时导师维吉尔这样告诉他："为什么你的精神分散？为什么你的脚步放慢？人家的窃窃私语与你何干？走你的路，让人们去说吧！要像一座卓立的塔，绝不因暴风雨而倾斜。"

克服犹豫不决的方法是，先"排演"一场比你要面对的更复杂的战斗。如果手上有棘手活而自己又犹豫不决，不妨挑件更难的事先做。生活挑战你的事情，你定可以用来挑战自己。这样，你就可以自己开辟一条成功之路。成功的真谛是：对自己越苛刻，生活对你越宽容；对自己越宽容，生活对你越苛刻。

只要你认准了路，确立好人生的目标，就永不回头，"该出手时就出手"，向着目标，心无旁骛地前进，相信你一定会到达成功的彼岸。

敢输才是真英雄

每个人都希望无论何时都站在适合自己的位置，说着该说的话，做着该做的事。但不经过挫折磨炼的人是不可能达到这种境界的，人总要从自己的经历中汲取营养的。所以，做人要输得起。

输不起，是人生最大的失败。

人生就犹如战场。我们都知道，战场上的胜利不在于一城一池的得失，而在于谁是最后的胜利者，人生也是如此，成功的人不应只着眼于一两次成败，而是应该不断地朝着成功的目标迈进。当然，一两次的失败确实可能使你血本无归，甚至负债累累。

最要紧的是不应该泄气，而是应该从中吸取教训，用美国股票大亨贺希哈的话讲："不要问我能赢多少，而是问我能输得起多少。"只有输得起的人，才能不怕失败。

当然，我们不一定非要真正经历一次重大的失败，只要我们做好了认识失败的准备，"体验失败"一样能够带来刻骨铭心的教训，而那失败的起点比那些从来没有过失败经历的人要高得多，并且失败越惨痛，起点则越高。

只有惨烈地死过一回的人，才能获得更好的、更为成功的新生。

贺希哈 17 岁的时候，开始自己创造事业，他第一次赚大钱，也是第一次得到教训。时候，他一共只有 255 美元。在股票的场外市场做一名投资客，不到一年，他便发了第一笔财：他赚了16万8000美元。他替自己买了第一套像样的衣服，在长岛买了一幢房子。

随着第一次世界大战的结束，贺希哈以随着和平而来的大减价，顽固地买下隆雷卡瓦那钢铁公司。结果呢？他说："他们把我剥光了，只留下4000美元给我。"贺希哈最喜欢说这种话，"我犯了很多错，一个人如果说不会犯错，他就是在说谎。但是，我如果不犯错，也就没有办法学乖。"这一次，他学到了教训，"除非你了解内情，否则，绝对不要买大减价的东西。"

1942年，他放弃证券的场外交易，去到未列入证券交易所买卖的股票生意。起先，他和别人合资经营，一年之后，他开设了自己的贺希哈证券公司。到了1928年，贺希哈做了股票投资客的经纪人，每个月可赚到25万美元的利润。

但是，比他这种赚钱的本事更值得称道的，就是他能够悬崖勒马，遇到不对劲的情况，能悄悄回顾从前的教训。在1929年灿烂的春天，正当他想付50万美元，在纽约的证券交易所买股票，不知道什么原因，把他从悬崖边缘拉回来。贺希哈回忆这件事情说："当你知道医生和牙医都停止看病而去做股票投机生意的时候，一切都完了。我能看得出来。大户买进公共事业的股票，又把它们抬高。我害怕了，我在8月全部抛出。"他脱手以后，净得40万美元。

1936年是贺希哈最冒险，也是最赚钱的一年。安大略北方，早在人们淘金发财的那个年代，就成立了一家普莱史顿金矿开采公司。这家公司在一次大火灾中焚毁了全部设备，造成了资金短缺，股票跌到不值 5 分钱。有一个叫陶格拉斯的地质学家，知道贺希哈是个思维敏捷的人，就把这件事告诉了他。贺希哈听了以后，拿出 25000 美元做试采计划。不到几个月，黄金掘到了，仅离原来的矿坑 25 米。

普莱史顿股票开始往上爬的时候，海湾街上的大户以为这种股票一定会跌下来，所以纷纷抛出。贺希哈却不断买进，等到他买进普莱史顿大部分股票的时候，这种股票的价格已超过了两马克。

这座金矿，每年毛利达 250 万美元。贺希哈在他的股票继续上升的时候，把普莱史顿的股票大量卖出，自己留了 50 万股，这 50 万股等于他一个钱都没花，白捡来的。

这位手摸到东西便会变成黄金的人，也有他的麻烦。1945 年，贺希哈的菲律宾金矿赔了 300 万，他发现自己给民族主义原则和币制的限制做砸了，这也使他尝到了另一次教训："你到别的国家去闯事业，一定要把一切情况弄清楚。"

20 世纪 40 年代后期，他对铀发生了兴趣，结果证明了比他从前的任何一种事业更吸引他。他研究加拿大寒武纪以前的岩石情况、铀裂变痕迹，也懂得测量放射作用的盖氏计算器。1949~1954 年，他在加拿大巴斯卡湖地区，买下了 470 平方英里蕴藏铀的土地。成为第一家私人资金开采铀矿的公司，不久，他聘请朱宾负责他的矿务技术顾问公司。

这是一个许多人探测过的地区。勘探矿藏的人和地质学家都到这块充满猎物的土地上开采过。大家都注意着盖氏计算器的结果，他们认为只有很少的铀。

第四章　只要有勇气，命运就会改变

115

朱宾对于这种理论都同意。但是，他注意到了一些看来是无关紧要的"细节"。有一天，他把一块旧的艾戈码矿苗加以试验，看看有没有铀元素。结果，发现稀少得几乎没有。这样，他知道自己已经找到了原因。原来就是，土地表面的雨水、雪和硫矿把这块盆地中放射出来的东西不是掩盖住就是冲洗殆尽了。而且，盖氏计算器也曾测量出，这块地底下确实藏有大量的铀。他对这家矿业公司游说，劝他们做一次钻探。但是，大家都认为这是徒劳的。朱宾就去找贺希哈。

1953 年 3 月 6 日开始钻探。贺希哈投资了 3 万美元。结果，在 5 月间一个星期六的早晨，得到报告说，56 块矿样品里，有 50 块含有铀。

一个人怎样才会成功，这是很难分析的。但是，在贺希哈身上，我们可以分析出一点因素，那就是他自己定的一个简单公式：输得起才赢得起，输得起才是真英雄！

第五章

可以输给别人，但绝不能输给自己

能飞多高由心态决定

黄金定律是积极心态——它是成功学大师拿破仑·希尔数十年研究中最重要的发现，他认为造成人与人之间成功与失败的巨大反差，心态起了很大的作用。

积极的心态是人人可以学到的，无论他原来的处境、气质与智力怎样。

拿破仑·希尔还认为，我们每个人都佩戴着隐形护身符，护身符的一面刻着 PMA（积极的心态），一面刻着 NMA（消极的心态）。PMA 可以创造成功、快乐，使人到达辉煌的人生顶峰；而 NMA 则使人终生陷在悲观沮丧的谷底，即使爬到巅峰，也会被它拖下来。因为这个世界上没有任何人能够改变你，只有你能改变你自己；没有任何人能够打败你，能打败你的也只有你自己。

很多人都认为自己的境况归于外界的因素，认为是环境决定了他们的人生位置，这些人常说他们的想法无法改变。但是，我们的境况不是周围环境造成的。说到底，如何看待人生，由我们自己决定。

纳粹集中营的一位幸存者维克托·弗兰克尔说过："在任何特定的环境中，人们还有一种最后自由，就是选择自己的态度。"

只要人活在这个世界上，各种问题、矛盾和困难就不可能避免，拥有积极心态的人能以乐观进取的精神去积极应对，而被消极心态支配的人则悲观颓废，他们在逃避问题和困难的同时也逃避了人生的责任。

对于 PMA 的阐述，拿破仑·希尔是这样认为的：

1. 言行举止像希望成为的人

许多人总是要等到自己有了一种积极的感受再去付诸行动，这些人在本末倒置。心态是紧跟行动的，如果一个人从一种消极的心态开始，等待着感觉把自己带向行动，那他就永远成不了他想做的积极心态者。

2. 要心怀必胜、积极的想法

谁想收获成功的人生，谁就要当个好"农民"。我们绝不能播下几粒积极乐观的种子，然后指望不劳而获，我们必须不断给这些种子浇水，给幼苗培土施肥。要是疏忽这些，消极心态的野草就会丛生，夺去土壤的养分，甚至让庄稼枯死。

3. 用美好的感觉、信心和目标去影响别人

随着你的行动与心态日渐积极，你就会慢慢获得一种美满人生的感觉，信心日增，人生中的目标感也越来越强烈。紧接着，别人会被你吸引，因为人们总是喜欢和积极乐观者在一起。

4. 使你遇到的每一个人都感到自己很重要、被需要。

每一个人都有一种欲望，即感觉到自己的重要性，以及别人对他的需要与感激，这是普通人的自我意识的核心。如果你能满足别人心中的这一欲望，他们就会对你抱有积极的态度。

5. 心存感激

如果你常流泪，你就看不到星光，对人生、对大自然的一切美好的东西，我们要心存感激，人生就会显得美好许多。

6. 学会称赞别人

在人与人的交往中，适当地赞美对方，会增加和谐、温暖和美好的感情。你存在的价值也就会被肯定，使你得到一种成就感。

7. 学会微笑

面对一个微笑的人，你会感应到他的自信、友好，同时这种自信和友好也会感染你，使你的自信和友好也油然而生，使你和对方亲近起来。

8. 到处寻找最佳新观念

有些人认为，只有天才才会有好主意。事实上，要找到好主意，靠的是态度，而不全是能力。一个思想开放、有创造性的人，哪里有好主意，就往哪里去。

9. 放弃鸡毛蒜皮的小事

有积极心态的人不把时间和精力花费在小事上，因为小事使他们偏离主要目标和重要事项。

10. 培养一种奉献的精神

曾任通用面粉公司董事长的哈里·布利斯曾这样忠告属下的推销员："谁尽力帮助其他人活得更愉快、更潇洒，谁就达到了推销术的最高境界。"

11. 自信能做好想做的事

永远也不要消极地认定什么事情是不可能的，首先你要认为你能，再去尝试，不断尝试，最后你就会发现你确实能。

马尔比·D. 马布科克说："最常见同时也是代价最高昂的一个错误，是认为成功有赖于某种天才、某种魔力、某些我们不具备的东西。"其实并非如此，成功的要素其实掌握在我们自己的手中。成功是运用 PMA 的结果。

一个人能飞多高，由他自己的心态所决定。

当然，有了 PMA 并不能保证事事成功，但积极地运用 PMA 可以改善我们的日常生活。在 PMA 的帮助下，我们能够给自己创造一个阳光的心灵空间，导引成功之路。

在困境的打击下奋起抗争

相信，很多读者都对苏联著名作家高尔基所著的《海燕》一文有着深刻的印象：

在苍茫的大海上，狂风卷着乌云。在乌云和大海之间，海燕像黑色的闪电，在高傲地飞翔。一会儿翅膀碰着波浪，一会儿箭一般地直冲向乌云，它叫喊着——就在这鸟儿勇敢的叫喊声里，乌云听出了欢乐。海鸥在暴风雨来临之前呻吟着——呻吟着，它们在大海上飞蹿，想把自己对暴风雨的恐惧，掩藏到大海深处。

海鸥还在呻吟着——它们这些海鸥啊，享受不了生活的战斗的欢乐，轰隆隆的雷声就把它们吓坏了。

蠢笨的企鹅，胆怯地把肥胖的身体躲藏在悬崖底下……

只有那高傲的海燕，勇敢地、自由自在地，在泛起白沫的大海上飞翔……

而人类，也有海燕、海鸥、企鹅等类型。有人在困境的打击下，像海燕一样无所畏惧，积极地奋起抗争；有的人在困境的打击下，只会独自呻吟，丧失了一切勇气；有的人在困境的打击下，蜷缩在角落里，不敢去面对外面的一切……面对困境，像海燕一样积极搏击，还是一味地"独自呻吟""蜷缩在角落里"，决定了你的人生境遇。

在 19 世纪 50 年代的美国，有一天，黑人家里的一个 10 岁的小女孩被母亲派到磨坊里向种植园主索要 50 美分。

园主放下自己的工作，看着那黑人小女孩敬而远之地站在那里，便问道："你有什么事情吗？"黑人小女孩没有移动脚步，怯怯地回答说："我妈妈说想要 50 美分。"

园主怒气冲冲地说："我绝不给你！你快滚回家去吧，不然我用锁锁住你。"说完继续做自己的工作。

过了一会儿，他抬头看到黑人小女孩仍然站在那儿不走，便掀起一块桶板向她挥舞道："如果你再不滚开的话，我就用这桶板教训你。好吧，趁现在我还……"话未说完，那黑人小女孩突然像箭镞一样冲到他前面，毫不畏惧地扬起脸来，用尽全身气力向他大喊："我妈妈需要 50 美分！"

慢慢地，园主将桶板放了下来，手伸向口袋里摸出 50 美分给了那个黑人小女孩。她一把抓过钱去，便像小鹿一样推门跑了。园主目瞪口呆地站在那儿回顾这奇怪的经历——一个黑人小女孩竟然毫无惧色地面对自己，并且镇住了自己，在这之前，整个种植园里的黑人们似乎连想都不敢想。

小女孩的勇敢让她最终得到了她妈妈需要的 50 美分。如果她也像海鸥一样，面对困难只会呻吟，那么她也会跟其他的黑人那样，不敢忤逆园主的，当然更不可能说提要钱的事了。所以不管遇到什么困难，我们都要做积极勇敢的海燕，不做呻吟的海鸥。

纵使平凡，也不要平庸

平凡与平庸是两种截然不同的生活状态：前者如一颗使用中的螺丝钉，虽不起眼，却真真切切地发挥作用，实现价值；后者就像废弃的钉子，身处机器运转之外，无心也无力参与机器的运作。

平凡者纵使渺小却挖掘着自己生命的全部能量，平庸者却甘居无人发现的角落不肯露头。虽无惊天伟绩但物尽其用、人尽其能，这叫平凡；有能力发挥却自掩才华，自甘埋没，这叫平庸。

世间生命多种多样，有天上飞的，有水中游的，有陆上爬的，有山中走的；所有生命，都在时间与空间之流中兜兜转转。生命，总以其多彩多姿的形态展现着各自的意义和价值。

"生命的价值，是以一己之生命，带动无限生命的奋起、活跃。"智慧禅光在众生头顶照耀，生命在闪光中现出灿烂，在平凡中现出真实。所以，所有的生命都应该得到祝福。

"若生命是一朵花就应自然地开放，散发一缕芬芳于人间；若生命是一棵草就应自然地生长，不因是一棵草而自卑自叹；若生命好比一只蝶，何不翩翩飞舞？"芸芸众生，既不是翻江倒海的蛟龙，也不是称霸林中的雄狮，我们在苦海里颠簸，在丛林中避险，平凡得像是海中的一滴水、林中的一片叶。海滩上，这一粒沙与那一粒沙的区别你可能看出？旷野里，这一堆黄土和那一堆黄土的差异你是否能道明？

每个生命都很平凡，但每个生命都不卑微，所以，真正的智

者不会让自己的生命陨落在无休无止的自怨自艾中，也不会甘于身心的平庸。

你可见过在悬崖峭壁上卓然屹立的松树？它深深地扎根于岩缝之中，努力舒展着自己的躯干，任凭阳光暴晒，风吹雨打，在残酷的环境中它始终保持着昂扬的斗志和积极的姿态。或许，它很平凡，只是一棵树而已，但是它并不平庸，它努力地保持着自己生命的傲然姿态。

有这样一个寓言让我们懂得：每个生命都不卑微，都是大千世界中不可或缺的一环，都在自己的位置上发挥着自己的作用。

一只老鼠掉进了一只桶里，怎么也出不来。老鼠吱吱地叫着，它发出了哀鸣，可是谁也听不见。可怜的老鼠心想，这只桶大概就是自己的坟墓了。正在这时，一只大象经过桶边，用鼻子把老鼠吊了出来。

"谢谢你，大象。你救了我的命，我希望能报答你。"

大象笑着说："你准备怎么报答我呢？你不过是一只小小的老鼠。"

过了一些日子，大象不幸被猎人捉住了。猎人用绳子把大象捆了起来，准备等天亮后运走。大象伤心地躺在地上，无论怎么挣扎，也无法把绳子扯断。

突然，小老鼠出现了。它开始咬着绳子，终于在天亮前咬断了绳子，替大象松了绑。

大象感激地说："谢谢你救了我的性命！你真的很强大！"

"不，其实我只是一只小小的老鼠。"小老鼠平静地回答。

每个生命都有自己绽放光彩的刹那，即使一只小小的老鼠，也能够拯救比自己体型大很多的巨象。故事中的这只老鼠正是星云大师所说的"有道者"，一个真正有道的人，即使别人看不起他，把他看成是卑贱的人，他也不受影响，因为他知道自己的人格、道德，不一定要求别人来了解、来重视。他依然会在自我的生命之旅中将智慧的种子撒播到世间各处。

有人说："平凡的人虽然不一定能成就一番惊天动地的大事业，但对他自己而言，能在生命过程中把自己点燃，即使自己是根小火柴，只能发出微微星火也就足够了；平庸的人也许是一大捆火药，但他没有找到自己的引线，在忙忙碌碌中消沉下去，变成了一堆哑药。"

也许你只是一朵残缺的花，只是一片熬过旱季的叶子，或是一张简单的纸、一块无奇的布，也许你只是时间长河中一个匆匆而逝的过客，不会吸引人们半点的目光和惊叹，但只要你拥有积极的心态，并将自己的长处发挥到极致，就会成为成功驾驭生活的勇士。

要挑战自己，超越自己

每个人最大的对手就是自己。如果你能战胜自己，走出布满阴霾的昨天，你也能成为幸福的人，获得自己人生的奖赏。

驯鹿和狼之间存在着一种非常独特的关系，它们在同一个地方出生，又一同奔跑在自然环境极为恶劣的旷野上。大多数时候，它们相安无事地在同一个地方活动，狼不骚扰鹿群，驯鹿也

不害怕狼。

在这看似和平安闲的时候，狼会突然向鹿群发动袭击。驯鹿惊愕而迅速地逃窜，同时又聚成一群以确保安全。狼群早已盯准了目标，在这追和逃的游戏里，会有一只狼冷不防地从斜刺里蹿出，以迅雷不及掩耳之势抓破一只驯鹿的腿。

游戏结束了，没有一只驯鹿牺牲，狼也没有得到一点食物。第二天，同样的一幕再次上演，依然从斜刺里冲出一只狼，依然抓伤那只已经受伤的驯鹿。

每次都是不同的狼从不同的地方蹿出来做猎手，攻击的却只是那一只鹿。可怜的驯鹿旧伤未愈又添新伤，逐渐丧失大量的血和力气，更为严重的是它逐渐丧失了反抗的意志。当它越来越虚弱，已不会对狼构成威胁时，狼便跳起而攻之，美美地饱餐一顿。

其实，狼是无法对驯鹿构成威胁的，因为身材高大的驯鹿可以一蹄把身材矮小的狼踢死或踢伤，可为什么到最后驯鹿却成了狼的腹中之食呢？

狼是绝顶聪明的，它们一次次抓伤同一只驯鹿，让那只驯鹿经过一次次的失败打击后，变得信心全无，到最后它完全崩溃了，完全忘了自己还有反抗的能力。最后，当狼群攻击它时，它放弃了抵抗。

所以，真正打败驯鹿的是它自己，它的敌人不是凶残的狼，而是自己孱弱的心灵。同样的道理，要让自己强大起来，唯一的方法就是挑战自己，战胜自己，超越自己。

每个人最大的对手就是自己。如果你能战胜自己，走出布满阴霾的昨天，你也能成为幸福的人，获得自己人生的奖赏。

迎战人生的各种磨难

往往，再多一点努力和坚持便收获到意想不到的成功。以前做出的种种努力、付出的艰辛，便不会白费。令人感到遗憾和悲哀的是，面对一而再再而三的失败，多数人选择了放弃，没有再给自己一次机会。

乔治的父亲辛曾经是个拳击冠军，如今年老力衰，病卧在床。

有一天，父亲的精神状况不错，对他说了某次赛事的经过。

在一次拳击冠军对抗赛中，他遇到了一位人高马大的对手。因为他的个子相当矮小，一直无法反击，反而被对方击倒，连牙齿也被打出血了。

休息时，教练鼓励他说："辛，别怕，你一定能挺到第12局！"

听了教练的鼓励，他也说："我不怕，我应付得过去！"

于是，在场上他跌倒了又爬起来，爬起来后又被打倒，虽然一直没有反攻的机会，但他却咬紧牙关支持到第12局。

第12局眼看要结束了，对方打得手都发颤了，他发现这是最好的反攻时机。于是，他倾尽全力给对手一个反击，只见对手应声倒下，而他则挺过来了，那也是他拳击生涯中的第一枚金牌。

说话间，父亲额上全是汗珠，他紧握着乔治的手，吃力地笑着："不要紧，有一点点痛，我应付得了。"

在人生的海洋中航行，不会永远都一帆风顺，难免会遇到狂

风暴雨的袭击。在巨浪滔天的困境中，我们更须坚定信念，随时赋予自己生活的支持力，告诉自己"我应付得了"。当我们有了这份坚定的信念，困难便会在不知不觉中慢慢远离，生活自然会回到风和日丽的宁静与幸福之中。唯有相信自己能克服一切困难的人，才能激发勇气，迎战人生的各种磨难，最后成就一番大业！记住，只要你有决心克服，就一定能走过人生的低谷。

卡耐基在被问及成功秘诀的时候说道："假使成功只有一个秘诀的话，那应该是坚持。"人生道路中的很多苦难和痛苦都是如此，只要熬过去了，挺住了，就没什么大不了的。

巴顿将军在第二次世界大战后的聚会上说起这么一段经历：当他从西点军校毕业后，入伍接受军事训练。团长在射击场告诉他：打靶的意义在于，哪怕你打偏了99颗子弹，只要有1颗子弹打中靶心，你就会享受到成功的喜悦。

对于实战经验不多的新兵来说，想要枪枪命中靶心是困难的，然而，当巴顿的靶位旁的空子弹壳越来越多时，他已成了富有射击经验的老兵。

战争爆发后，巴顿将军奔波于各个战场，没有安稳感，他一度对生活产生了疑问，觉得自己像一架战争机器，不知道战争究竟要到何年何月才是尽头。

但这一切仅仅持续了不到7年。这7年里，由于倔强刚烈的个性，巴顿所经历的挫折、失意，曾经那么锋利地一次次伤害过他，令他消沉，后来他才明白：它们只不过是那一大堆空子弹壳。

生活的意义，并不在于你是否在经受挫折和磨炼，也不在于要经受多少挫折和磨炼，而是在于忍耐和坚持不懈。经受挫折和磨炼是射击，瞄准成功的机会也是射击，但是只有经历了99颗子弹的铺垫，才有一枪击中靶心的结果。

只要坚持到底，就一定会成功，人生唯一的失败，就是当你选择放弃的时候。因此，当你处于困境的时候，你应该继续坚持下去，只要你所做的是对的，总有一天成功的大门将为你而开。

查德威尔是第一个成功横渡英吉利海峡的女性，她没有满足，决定从卡塔林岛游到加利福尼亚。

旅程十分艰苦，刺骨的海水冻得查德威尔嘴唇发紫。她快坚持不住了，可目的地还不知道有多远，连海岸线都看不到。

越想越累，渐渐地她感到自己的四肢有千斤那么沉重，自己一点劲都使不上了，于是对陪伴她的船上工作人员说："我快不行了，拉我上船吧！"

"还有一海里就到了啊，再坚持一下吧。"

"我不信，那怎么连海岸线都看不到啊！快拉我上去！"看她那么坚持，工作人员就把她拉上去了。

快艇飞快地往前开去，不到一分钟，加利福尼亚海岸线就出现在眼前了，因为大雾，只能在半海里范围内看得见。

查德威尔后悔莫及，居然离横渡成功只有一海里！为什么不听别人的话，再坚持一下呢？

拿破仑曾经说过："达到目标有两个途径——势力与毅力。势力只有少数人所有，而毅力则属于那些坚韧不拔的人，它的力量会随着时间的推移而至无可抵抗。"往往，再多一点努力和坚持便收获到意想不到的成功：以前做出的种种努力、付出的艰辛，便不会白费。令人感到遗憾和悲哀的是，面对一而再再而三的失败，多数人选择了放弃，没有再给自己一次机会。所以，无论我们处于什么样的困境，遭遇多大的痛苦，我们都应该激励自己：离成功我只有一海里，只要熬过去就是胜利！

一定要学会坚强

虽然屡遭痛苦，却能够百折不挠地挺住，这就是成功的秘密。所以，你一定要学会坚强。有了坚强，才有了面对切痛苦和挫折的能力。

村里有一位妇女，因为乳腺癌，不得不去医院做了左乳切除手术。

伤口痊愈后，她下地走路时，奇怪地发现，自己的身体竟不自觉地向右边倾斜起来。她稍一愣怔后便明白了：也许是自己的乳房比较大且重的缘故，少了一只左乳后，身体也失去了原有的平衡。

让她更为苦恼的是，自己的胸前左边瘪塌塌的，右边鼓囊囊的，极不对称，以致穿起衣服来很是别扭和难看。

可是她又没钱买义乳。怎么办？她决定自己做一个。她"就地取材"地从家里搬出芝麻、蚕豆、玉米、小麦、绿豆等种子，依次分别往乳罩左边的罩口里装满种子，然后再缝合罩口，戴在身上测试一下身体的美观及平衡效果。最后，她选定了绿豆作为乳罩的填充物。

初戴上"绿豆乳罩"的她显得异常的兴奋与激动，对于自己的身体，她仿佛又找回了曾经的那份自信与美丽。后来，她无论是下地干活，还是串门赶集，时时刻刻地戴着那副"绿豆乳罩"。

一天晚上，她摘下乳罩准备睡觉时，惊讶地发现——乳罩里的那些绿豆竟发芽了！

那一夜，她基本上没合眼，想着怎样解决绿豆在自己的体温下会发芽的问题。第二天，她把那些绿豆炒熟了，然后再放进乳罩里……

可是她发现，问题又来了，她的身上始终有一种熟绿豆的香味挥之不去。只要她一出现在人群里，人家总会耸着鼻子作闻香状，然后好奇地问：谁兜里揣着熟绿豆？好香啊！快点拿出来让大家尝尝……弄得她很是尴尬，又不好讲出实情，但也怪不得人家，人家也是无意的啊。

后来，经过很多次试验，她在缝制"绿豆乳罩"的时候，终于找到了一个折中的良方，就是在炒绿豆的时候，要掌握好它的火候——仅把绿豆炒到七八成熟的样子，这样的绿豆放进乳罩里既不会发芽，也闻不到香味，刚刚好。

费尽思量，才解决了绿豆作为乳房替代物与自己身体兼容的难题，这位爱美的女人终于松了口气。

有一天，一家女性刊物的记者知道这事后，太老远地赶来采访这位村妇。采访临近尾声时，记者提出要给她拍几张照片。她一下子激动得满脸通红，因为在那个偏僻的村庄里，她很少有照相的机会，她习惯性地抻抻衣角、捋捋头发，然后站在一株从石缝里长出的芍药花旁，郑重而优雅地摆出了一个个美丽的姿势。望着镜头里那朵火红的花儿衬托着那张自信而美丽的笑脸，泪水模糊了记者的视线……

后来，这位记者在她的文章中写道：

"我是怀着一种敬仰和感动的心情对她进行采访的，在为她的遭遇感到心酸的同时，又被她乐观而不屈的精神所鼓舞并深感欣慰。这样一个在贫困交加的境地里挣扎的女人，依然向往美丽，顽强地追求着美丽，她今后的生活一定会好起来的，就像她拥花而卧的那张美丽的照片。因为她的精神不败，我坚信，仅凭这一点，足以让她战胜人生中所有的厄运和苦难！"

人生是一场面对种种困难的"漫长战役"。早一些让自己懂得痛苦和困难是人生平常的"待遇"，当挫折到来时，应该面对，而不是逃避，这样，你才能早一些坚强起来，成熟起来。以后的人生便会少一些悲哀气氛，多一些壮丽色彩。记住，只有顽强的人生才美丽，才精彩。

苏联作家奥斯特洛夫斯基在双眼失明的情况下，通过向人口授内容，完成了长篇小说《钢铁是怎样炼成的》；

美国女作家海伦·凯勒自幼双目失明，在莎莉文老师的教导下学会了盲文，长大后成长为一名社会活动家，积极到世界各地演讲，宣传助残，并完成了《假如给我三天光明》等14部著作；

当代著名女作家张海迪5岁因为意外事故造成高位截瘫，但仍坚持自学小学到大学课程，并精通多国语言。

虽然屡遭痛苦，却能够百折不挠地挺住，这就是成功的秘密。所以，你一定要学会坚强。有了坚强，才有了面对一切痛苦和挫折的能力。

霍金是谁？他是一个神话，一个当代最杰出的理论物理学家，一个科学名义下的巨人……或许，他只是一个坐着轮椅、挑战命运的勇士。

史蒂芬·霍金，出生于1942年1月8日，那一天刚好是伽利略逝世300年纪念日。

从童年时代起，运动从来就不是霍金的长项，几乎所有的球类活动他都不行。

进入牛津大学后，霍金注意到自己变得更笨拙了，有一两回没有任何原因地跌倒。一次，他不知何故从楼梯上突然跌下来，当即昏迷，差一点儿死去。

直到1962年霍金在剑桥读研究生后，他的母亲才注意到儿子的异常状况。刚过完20岁生日的霍金在医院里住了两个星期，经过各种各样的检查，他被确诊患上了"卢伽雷氏症"，即运动神经细胞萎缩症。

大夫对他说，他的身体会越来越不听使唤，只有心脏、肺和大脑还能运转，到最后，心和肺也会失效。霍金被"宣判"只剩两年的生命。那是在1963年。

霍金的病情渐渐加重。1970年，在学术上声誉日隆的霍金已无法自己走动，他开始使用轮椅。直到去世，他再也没离开它。

永远坐进轮椅的霍金，极其顽强地工作和生活着。

一次，霍金坐轮椅回柏林公寓，过马路时被小汽车撞倒，左臂骨折，头被划破，缝了13针，但48小时后，他又回到办公室投入工作。

虽然身体的残疾日益严重，霍金却力图像普通人一样生活，完成自己所能做的任何事情。他甚至是活泼好动的——这听来有点好笑，在他已经完全无法移动之后，他仍然坚持用唯一可以活动的手指驱动着轮椅在前往办公室的路上"横冲直撞"；在莫斯科的饭店中，他建议大家来跳舞，他在大厅里转动轮椅的身影真是一大奇景；当他与查尔斯王子会晤时，旋转自己的轮椅来炫耀，结果轧到了查尔斯王子的脚趾头。

当然，霍金也尝到过"自由"行动的恶果，这位量子引力的大师级人物，多次在微弱的地球引力左右下，跌下轮椅，幸运的是，每一次他都顽强地重新"站"起来。

1985 年，霍金动了一次穿气管手术，从此完全失去了说话的能力，只能用三个指头和外界交流——后来更是只剩下眼皮了。他就是在这样的情况下，极其艰难地写出了著名的《时间简史》，探索着宇宙的起源。

霍金的科普著作《时间简史——从大爆炸到黑洞》在全世界的销量已经高达 2500 万册，从 1988 年出版以来一直雄踞畅销书榜，创下了畅销书的一个世界纪录。

霍金的故事告诉人们，是否具有不屈不挠的精神，或许是取得成就的最大因素。虽然大家都觉得他非常不幸，但他在科学上的成就却是他在病发后获得的。他凭着坚毅不屈的意志，战胜了疾病，创造了一个奇迹，也证明了残疾并非成功的障碍。

多一份磨砺，多一份强大

每个人都有梦想，也曾为之而努力过、奋斗过，但是很多人却因为没有一颗坚强的心和持之以恒的毅力，只能给自己的人生留下深深的遗憾。所以，我们要想成就一番事业，要想实现自己的梦想和追求，就必须努力为自己打造一颗坚强的心。

一个失意的年轻人，向哲人请教成功的秘诀。哲人递给他一颗花生说："用力搓它。"年轻人用力一搓，花生的壳碎了，剩下了花生仁。然后哲人叫他再搓搓它，结果红色的花生衣也被搓掉了，只剩下白白的果肉。哲人叫他再用力搓，年轻人迷惑不解，但还是照着做了。

可是，无论他如何用力，却怎么也捏不碎这粒花生仁。哲人还是叫他再搓搓它，结果仍然是徒劳无功。

最后，哲人语重心长地告诫年轻人："虽然屡受打击和磨难，失去了很多东西，但始终都要拥有一颗坚强不屈的心，这样才有美梦成真的希望。"

对于一个人来说，最有用的财富不是金钱名利，也不是人际资源，而是一颗坚强的心。

一个农民，初中只读了两年，家里就没钱继续供他上学了。他辍学回家，帮父亲耕种三亩薄田。在他19岁时，父亲去世了，家庭的重担全部压在了他的肩上。他要照顾身体不好的母亲和瘫痪在床的祖母。

20世纪80年代，农田承包到户。他把一块水洼挖成池塘，想养鱼。但乡里的干部告诉他，水田不能养鱼，只能种庄稼，他只好又把水塘填平。这件事成了一个笑话——在别人的眼里，他是一个想发财但又非常愚蠢的人。

听说养鸡能赚钱，他向亲戚借了 500 元钱，养起了鸡。但是一场洪水后，鸡得了鸡瘟，几天内全部死光。500 元对别人来说可能不算什么，但对一个只靠三亩薄田生活的家庭而言，不啻天文数字。他的母亲受不了这个刺激，竟然忧郁而死。

他后来酿过酒，捕过鱼，甚至还在石矿的悬崖上帮人打过炮眼……可都没有赚到钱。

35 岁的时候，他还没有娶到媳妇。即使是离异的有孩子的女人也看不上他。因为他只有一间土屋，随时有可能在一场大雨后倒塌。娶不上老婆的男人，在农村是没有人看得起的。

但他还想搏一搏，就四处借钱买一辆手扶拖拉机。不料，上路不到半个月，这辆拖拉机就载着他冲入一条河里。他断了一条腿，成了瘸子。而那拖拉机，被人捞起来，已经支离破碎，他只能拆开它，当作废铁卖。

几乎所有的人都说他这辈子完了。但是后来他却成了南方一个大城市里一家大公司的老板，手中有数亿元的资产。

现在，许多人知道了他苦难的过去和富有传奇色彩的创业经历。许多媒体采访过他，许多报告文学描述过他。其中一个访谈令人印象深刻：

记者问他："在苦难的日子里，你凭什么一次又一次毫不退缩？"

他坐在宽大豪华的老板台后面，喝完了手里的一杯水。然后，他把玻璃杯子握在手里，反问记者："如果我松手，这只杯子会怎样？"

记者说："杯子摔在地上，肯定要碎了。"

"那我们试试看。"他说。

他手一松，杯子掉到地上发出清脆的声音，但并没有破碎，完好无损。

他说："即使有 10 个人在场，他们都会认为这只杯子必碎无疑。但是，这只杯子不是普通的玻璃杯，而是用玻璃钢制作的。我之所以能战胜苦难，就因为我有一颗坚强的心。"

这样的人，即使只有一口气，他也会努力去拉住成功的手。如果他不能成功，那么还有谁能成功呢？

每个人的心中都有一个梦想和追求，也曾为之而努力过、奋斗过，但是很多人却因为没有一颗坚强的心和持之以恒的毅力，便半途而废，只能给自己的人生留下深深的遗憾。所以，我们要想成就一番事业，要想实现自己的梦想和追求，就必须努力为自己打造一颗坚强的心。不管通向成功的道路是阳光灿烂，还是风雨兼程，我们都要始终保持这颗坚强的心，不得有半点的懈怠和屈服。相信吧，阳光总在风雨后，经历了风风雨雨、大风大浪、坎坎坷坷之后，再回味自己来之不易的成功的时候，那一定是人世间最幸福的时刻。

第五章　可以输给别人，但绝不能输给自己

把自己"逼"上巅峰

把自己"逼"上巅峰，首先要给自己一片没有后路的悬崖，这样才能发挥出自己最大的能力，力挽狂澜的秘密就在于此。

中国有句成语叫"背水一战"。它的意思是背靠江河作战，没有退路，我们常常用它来比喻决一死战。背水一战，其实就是把自己的后路斩断，以此将自己逼上"巅峰"。这个成语来源于《史记·淮阴侯列传》，这个典故对于处于苦境中的人来说，至今仍有着启示意义。

韩信是汉王刘邦手下的大将，为了打败项羽，夺取天下，他为刘邦定计，先攻取了关中，然后东渡黄河，打败并俘虏了背叛刘邦、听命于项羽的魏王豹，接着韩信开始往东攻打赵王歇。

在攻打赵王时，韩信的部队要通过一道极狭的山口，叫井陉口。赵王手下的谋士李左车主张一面堵住井陉口，一面派兵抄小路切断汉军的辎重粮草，这样韩信小数量的远征部队没有后援，就一定会败走。但大将陈余不听，仗着兵力优势，坚持要与汉军正面作战。韩信了解到这一情况，不免对战况有些担心，但他同时心生一计。他命令部队在离井陉30里的地方安营，到了半夜，让将士们吃些点心，告诉他们打了胜仗再吃饱饭。随后，他派出两千轻骑从小路隐蔽前进，要他们在赵军离开营地后迅速冲入赵军营地，换上汉军旗号；又派一万军队故意背靠河水排列阵势来引诱赵军。

到了天明，韩信率军发动进攻，双方展开激战。不一会，汉军假意败回水边阵地，赵军全部离开营地，前来追击。这时，韩信命令主力部队出击，背水结阵的士兵因为没有退路，也回身猛扑敌军。赵军无法取胜，正要回营，忽然营中已插遍了汉军旗帜，于是四散奔逃。汉军乘胜追击，以少胜多，打了一个大胜仗。

在庆祝胜利的时候，将领们问韩信："兵法上说，列阵可以背靠山，前面可以临水泽，现在您让我们背靠水排阵，还说打败赵军再饱饱地吃一顿，我们当时不相信，然而最后竟然取胜了，这是一种什么策略呢？"

韩信笑着说："这也是兵法上有的，只是你们没有注意到罢了。兵法上不是说'陷之死地而后生，置之亡地而后存'吗？如果是有退路的地方，士兵都逃散了，怎么能让他们拼死一搏呢！"

所以在生活中，当我们遇到困难与绝境时，我们也应该如兵法中所说那样"置之死地而后生"，要有背水一战的勇气与决心，这样才能发挥自己最大的能力，将自己逼上生命的巅峰。在这种情况下，往往事情会出现极大的转机。

给自己一片没有退路的悬崖，把自己"逼"上巅峰，从某种意义上说，是给自己一个向生命高地冲锋的机会。如果我们想改变自己的现状，改变自己的命运，那么首先应该改变自己的心态。只要有背水一战的勇气与决心，我们一定能突破重重障碍，走出绝境。

所以我们要保持这样的心态，在使自己处于不断积极进取的状态时，就能形成自信、自爱、坚强等品质，这些品质可以让你的能力源源涌出。你若是想改变自己的处境，那么就改变自己身心所处的状态，勇敢地向命运挑战。一旦你决心背水一战，拼死一搏，你便可以把你蕴藏的无限潜能充分发挥出来，让自己创造奇迹，做出令人瞩目的成绩，登上命运的巅峰。

人人都可以成为第一名

有一个小女孩，相貌平平，学习成绩也一般。大家平日里都不太注意她，但她脸上总有阳光般的笑容。

朋友问她开心的秘密，她轻轻地说："我知道自己很平凡，可是我每一天都努力第一个走进教室，坐下来念书。我心里也有第一名的骄傲。"

是的，我们很普通，常常遭遇窘境，但是还有许多小径通向人生的亮丽舞台，人人都可以成为第一名。

琼斯有一个小农场，日子过得平静如水。

有一天，灾难降临了。他患了全身麻痹！这个可怜的老农民整天只能待在床上，彻底失去了生活能力。他的亲戚们都确信，他将永远成为一个失去希望、失去幸福的病人，他不可能再有什么作为了。然而，琼斯却又有了新的作为。

他能思考，他确实在思考，在计划。有一天，正当他致力于思考和计划时，他认识了那个最重要的生活法宝——积极心态。

琼斯满怀希望，抱着乐观精神，培养愉快情绪，从他所处的地方，把创造性的思考变为现实。

他要成为有用的人，而不要成为家庭的负担。

他把他的计划讲给家人听。

"我再不能用我的手劳动了，"他说，"所以我决定用我的心理从事劳动。如果你们愿意的话，你们每个人都可以代替我的手、足和身体。让我们把我们的农场每一亩可耕地都种上玉米，然后我们就养猪，用所收的玉米喂猪。"

"当我们的猪还幼小肉嫩时，我们就把它宰掉，做成香肠。然后把香肠包装起来，用一种牌号出售，我们可以在全国各地的零售店出售这种香肠。"他低声轻笑，接着说，"这种香肠将像热糕点一样畅销。"

几年后，"琼斯仔猪香肠"竟成了家庭的日常用语，成了最能引起人们胃口的一种食品。

可见，人生中条条大路通"第一"。拿出足够的勇气和热情，相信自己，终有一天，你会惊喜地发现：另起一行，我也可以做到第一！

成功都是用勤奋跑出来的

我们很多人看得到成功者的光鲜艳丽、意气风发，我们用羡慕的眼光加以膜拜，却忘了思考他们成功的原因，又或是用不屑的眼光上下打量，认为他们只是"成功侥幸者"。我们从来就看不到他们成功的背后是用辛勤的汗水和不懈的努力换来的。

"先天下之忧而忧，后天下之乐而乐"，以国家为己任的北

宋名臣范仲淹是一位杰出的政治家、文学家。他从小就十分勤奋刻苦，为了做到心无旁骛、一心专注于读书，范仲淹到附近长白山上的醴泉寺寄宿苦读，对于各类儒家经典是终日吟诵不止，不曾有片刻松弛懈怠。

"成由勤俭败由奢"，这时候的范仲淹家境并不是很差，但为了勤奋治学，范仲淹勤俭以明志，每天煮好一锅粥，等凉了以后把这锅粥划成若干块，然后把咸菜切成碎末，粥块就着咸菜吃即是一日三餐。这种勤奋刻苦的治学生活差不多持续了三年，附近的书籍已渐渐不能满足范仲淹日益强大的求知欲了。于是范仲淹在家中收拾了几样简单的衣物，佩上琴剑，毅然辞别母亲，踏上了求学之路。

宋真宗大中祥符四年（1011），23岁的范仲淹来到睢阳应天府书院（今河南睢县）。应天府书院是宋代著名的四大书院之一，书院共有校舍一百五十间，藏书几千卷。在这里，范仲淹如鱼得水，他用一贯的勤俭刻苦作风向学问的更高峰攀登。

一天，范仲淹正在吃饭，他的同窗好友（南京最高长官、南京留守的儿子）过来拜访他。发现他的饮食条件非常差，出于同窗兼同乡之情，就让人送了些美味佳肴过来。过了几天，这位朋友又来拜访范仲淹，他非常吃惊地发现，他上次让人送来的鸡鸭鱼肉之类的美味佳肴都变质发霉了，范仲淹却连筷子都没动一下。他的朋友有些不高兴地说："希文兄（范仲淹的字，古人称字，不称名，以示尊重），你也太清高了，一点吃的东西你都不肯接受，岂不让朋友太伤心了！"范仲淹笑着解释说："老兄误解了，我不是不吃，而是不敢吃。我担心自己吃了鱼肉之后，咽不下去粥和咸菜。你的好意我心领了，你可千万别生气。"朋友听了范仲淹的话，顿时肃然起敬。

范仲淹凭着这股勤奋刻苦的劲头，博览群书，在担任陕西西路安抚使期间，指挥过多次战役，成功抵御了西夏的入侵，使当地人民的生活得以安定。西夏军官以"小范老子（指范仲淹）胸中有数万甲兵"互相告诫，足以看出西夏人对范仲淹的忌惮与敬畏之心，这在军事实力孱弱的北宋历史上是罕见的。

范仲淹之所以能有如此杰出的才能，得益于他素来勤奋刻苦求学的良好作风，辛勤的耕耘，自会换来丰硕的果实。

勤奋在任何时代、任何地方都是不过时的成功法宝。自古迄今皆是如此。

日本保险业连续15年排全日本业绩第一、被誉为"推销之神"的原一平在一次大型演讲会上，用"行为艺术"给台下期待成功、前来取经的芸芸众生讲了一个走向成功的"秘诀"。大会即将开始，台下数千人在翘首企盼、静静等待着原一平的到来，期待原一平给他们带来成功的"福音"。演讲会开始了，可原一平迟迟没到。十几分钟过后，在众人望穿秋水的期待下，姗姗来迟的原一平终于"千呼万唤始出来"。

走向讲台，看着一张张热烈期待的脸庞，原一平一句话也没说，只是坐在后边的椅子上继续地看着。半个小时后，原一平仍然没说一句话，可前来"取经"的人有的忍不住了，陆陆续续地离开会场。一个小时过后，原一平仍然是一句话也不说，就这么干耗着。这"故弄玄虚"的行为让很多人无法忍受，他们纷纷离开会场。可也有人想一探究竟，想看看原一平的葫芦里卖的是什么药。就剩下十几个人的时候，原一平终于开口说话了："你们是一群忍耐力很好的人，我要让你们分享我的成功秘诀，但又不能在这里，要去我住的宾馆。"

于是这十几个人都跟着原一平去了他住的宾馆。进入房间后，原一平脱掉外套，接着就坐在床上脱他的鞋子、袜子，这一系列行为让前来"捧场"的人看得莫名其妙。就在众人错愕惊讶之时，原一平亮出了他的"成功撒手锏"，他把脚板亮在众人面前，众人看到了一双布满老茧的脚（原来原一平一开始就耗着是有原因的，如果要向几千人展示他的成功秘诀，似乎有点不雅）。原一平最后道破"秘诀"，说："这些老茧就是我的成功秘诀，我的成功是我用勤奋跑出来的。"

成功都是用勤奋跑出来的，想不劳而获，那个守着木桩的"待兔人"就是前车之鉴。

不要去羡慕别人的成功，用勤奋的汗水我们也可以浇灌出美丽的成功之花；更不要去怀疑别人的成功，认为别人的成功是侥幸得到的，要知道没有任何成功是不付出辛勤的努力就能唾手可得的。

学会控制自己的情绪

纵使人生中有再多的磨难和考验，我们也不能像一个被充满了的气球一样，"嘭"的一声，就剩下"粉身碎骨"。

气球越是鼓足了气，就越容易爆炸，人也是一样，心里存有太多气，不仅伤心也会伤身。莎士比亚说："不要因为您的敌人燃起一把火，您就把自己烧死。"所以，当我们意识到自己的情绪波动的时候，就应该努力用理智去控制，而不要让自己的情绪随意地发泄出来。

但是，现实生活中，能够以自己的理智控制情绪的人并不多。通常情况下，我们都是在情绪的左右下生活。有时候，很多事情堆积在一起，就会让我们很生气，甚至到了理智根本无法控制的局面。这个时候，我们不妨给自己找一个"出气口"，让自己的精神得到缓解，也就不会那么生气了。

古时有一个妇人，特别喜欢为一些琐碎的小事生气。她也知道自己这样不好，便去求一位高僧为自己谈禅说道，开阔心胸。

高僧听了她的讲述，一言不发地把她领到一个禅房中，落锁而去。妇人气得跳脚大骂。骂了许久，高僧也不理会。妇人又开始哀求，高僧仍置若罔闻。妇人终于沉默了。高僧来到门外，问她："你还生气吗？"妇人说："我只为我自己生气，我怎么会到这地方来受这份罪。""连自己都不原谅的人怎么能心如止水？"高僧拂袖而去。过了一会儿，高僧又问她："还生气吗？""不生气了。"妇人说。"为什么？""气也没有办法呀。""你的气并未消逝，还压在心里，爆发后将会更加剧烈。"高僧又离开了。高僧第三次来到门前，妇人告诉他："我不生气了，因为不值得气。""还知道值不值得，可见心中还有衡量，还是有气根。"高僧笑道。

当高僧的身影迎着夕阳立在门外时，妇人问高僧："大师，什么是气？"

高僧将手中的茶水倾洒于地。妇人视之良久，顿悟。叩谢而去。

何苦要气？何苦要拿别人的错误来惩罚自己？人生短短几十年，幸福和快乐尚且享受不尽，哪里还有时间去气呢？所以，我们应该学会消消气，学会控制自己的情绪。在生活中，遇到烦心事在所难免，此时，内心的郁闷、愤怒总想找个地方发泄一下，不然会感到心里憋得慌。找朋友或同学诉说自然是个好方法，但有时有些话不能对别人说，同时怒气也不能往别人身上撒。那怎么办呢？

网球巨星桑普拉斯一次在争夺大满贯杯冠军比赛时，与对手陷入苦战，不料中场休息时，他却在众目睽睽下，手抱浴巾，失声痛哭，原来当年他的启蒙教练兼好友因病亡故，心情已受影响，现在又在比赛中承受如此巨大的压力，因而百感交集地哭泣。有人可能会觉得怎么一个大男人竟会在这种公共场合落泪，然而桑普拉斯之所以能称霸网坛，除了他的球技外，在情绪及心理的反应上都高人一等，因此他能每每在紧要关头化险为夷，赢得胜利，包括那场比赛。

每个人都有不同的发泄方式，所以选择哭泣也不是什么丢脸的行为。只要我们没有做过伤害别人的事情，没有把别人当成自己的"出气筒"，那么即使满脸泪水又何妨？

第六章

有信念的人，再难的
日子都会度过

凭着信念突破生命的极限

如果没有信念，那我们的一生只能沦于平庸。

信念其实不高，不过是困境中的一种心理寄托。就像是饥渴时的一个苹果，就算不吃只是看着，也足以让自己度过难耐的时刻；就像是溺水后的一个救生圈，只要牢牢抓住不放，坚定活下去的信心，就一定能看见生的希望。一个坚持自己信念的人，永远也不会被困难桎梏，因为信念是打开枷锁的钥匙，它可以将你从恶劣的现状中解救出来，还你意料之外的圆满结局。

正因为有美好的追求才诞生了无数斑斓的梦想，正因为有坚强的信念才催生了无数坚挺的身影。信念的力量是伟大的，它支持着人们生活，催促着人们奋斗，推动着人们进步，正是它，创造了世界上一个又一个的奇迹。在生命最脆弱的危急时刻，信念能让你爆发出超乎自己想象的力量。

天才小提琴家马莎患有癫痫症，一直以服药控制病情。直到有一天药物都不起作用了，医生无奈之下割除了她一部分脑叶。之后她动过许多次手术，但奇怪的是，每一次手术都没有影响她的演奏能力。后来医生才发现，原来在马莎很小的时候，她的大脑就已遭到破坏，原脑叶的演奏能力神奇地被其他脑叶所取代。

一个大脑遭到破坏的人竟有如此非凡的成就简直就是一个奇迹，而这个奇迹的创造不能不说是由马莎坚强的信念所支撑而产生的。信念的力量是惊人的，它可以改变恶劣的现状，带给人们无限的希望，缔造令人难以置信的神话。一个没有信念，或者不坚持信念的人，只能平庸地过一生；而一个坚持信念的人，永远也不会被困难击倒。信念是推动一个人走向成功的动力，拥有信念的人永远不会被眼前的困难吓倒，也不会迷失前进的方向，因为他们的心里只有永不放弃的目标。

著名的胡达·克鲁斯老太太在70岁高龄之际才开始学习登山，别人都认为她的举动只不过是闹着玩玩，她那老迈的身体根本不可能登上多高的山峰。但老太太始终坚信一个人能做什么事不在于年龄的大小，而在于怎么做。她凭着自己坚定的信念，一次次突破生命的极限，最后她成功地登上了几座世界上有名的高山。而且她还在95岁那年，成功登上了日本的富士山，打破了攀登此山年龄的最高纪录。

影响我们人生命运的绝不是环境，而是我们持有什么样的信念。当信念开始在心中矗立起来时，我们离成功的目标就越来越近了。

事实上，生活中谁都难免遭遇"溺水"的困境。无论遭受多少艰难，无论经历多少困苦，只要一个人的心中不失信念的力量，总有一天，他会突出重围，让生命之花绽放得更加灿烂。

好心态才会有好人生

生活中，经常看到互不相让的争吵场面，也经常听到有人怨声载道地抱怨，要么是工作方面，要么是福利方面，要么是朋友、同事、邻里、婆媳关系方面，其实这些争吵与抱怨完全可以避免。这就涉及一个心态和心境的问题。

拥有好心境的人，看别人、看自己都是美丽的；拥有好心境的人，宽容、耐心、细心；拥有好心境的人，有良心、善心、爱心；拥有好心境的人，有好人缘、好运气、好前程；拥有好心境的人，积极、乐观、长寿。

世界上所有的事情都是客观的，不以人的情绪为转移，就算你再痛苦、再难过，也改变不了已经发生的事情。所谓坏，也不过是自己的心对它下的定义。好的程度、坏的程度，都是你的心衡量出来的，事情对你的影响程度也是你自己用心臆造出来的。你的心的判断，决定了你的态度，决定了你的心情，你的心情又决定了你的生活，决定了你以后做事情的质量。

世间任何事情，你都可以用两种态度去看它，一种是阳光的，另一种是黑暗的。这就像钱币，存在正反两面，这一正一反，就是心态，它完全取决于你的态度。

有不少人，当自己经过一段时间的努力而没有达到预定目标时，便灰心丧气，认为这件事自己永远都办不到，从而忽视了自身力量的壮大和外界条件的改变，于是放弃了实现目标的努力。久而久之，形成了思维定式，套在失败的教训中爬不出来，以致丧失唾手可得的机会，最终一事无成。

阳光的心态会使人快乐向上、充满希望、有朝气；黑暗的心态则使人失落、难过，失去快乐感。你认为自己是什么样的人，你就会成为什么样的人。喜与悲，成和败，仅系于一念之间，这一念即是心态，心态决定命运。既然心态如此重要，那么怎样才能保持一种积极向上的心态呢？

想拥有一个好的心态，关键要学会调节自己。

最简单有效的做法是：用积极的心理暗示替代消极的心理暗示。当你想说"我不行，我太差劲儿"的时候，要马上替换成"不，我还有希望，我一定能行"。

唯有你自己觉得你能行的时候，一切才会有"行"的可能。

做事越急越不会成功

在现实生活中，常有人犯浮躁的毛病。他们做事情往往既无准备，又无计划，只凭脑子一热、兴头一来就动手去干。他们不是循序渐进地稳步向前，而是恨不得一锹挖成一眼井，一口吃成胖子。结果呢，必然是事与愿违，欲速则不达。

古时候有兄弟二人，很有孝心，每日上山砍柴卖钱为母亲治病。神仙为了帮助他们，便教他们二人，可用 4 月的小麦、8 月的高粱、9 月的稻、10 月的豆、12 月的雪，放在千年泥做成的大缸内密封 49 天，待鸡叫三遍后取出，汁水可卖钱。兄弟二人各按神仙教的办法做了一缸。待到 49 天鸡叫两遍时，老大耐不住性子打开缸，一看里面是又臭又黑的水，便生气地洒在地上。老二坚持到鸡叫三遍后才揭开缸盖，里边是又香又醇的酒，所以"酒"与"洒"字差了一小横。

当然，酒字的来历未必是这样。但这个故事却说明了一个深刻的道理：成功与失败，平凡与伟大，两者之间的距离往往就在一步之间，咬紧牙关向前迈一步就成功了；停住了，泄气了，只能是前功尽弃。这一步就是韧劲的较量，是意志力的较量。

我们的社会，已进入改革开放的兴旺时期，许多新鲜的外来事物都纷纷涌了进来。花花世界的花花事物，难免会对人产生极大的诱惑，而这极大的诱惑，会使人变得浮躁。许多人会想，我为什么不能拥有这些东西呢？别人可以拥有，我为什么不可以呢？

在这样的心态之下，他就浮躁起来，很想自己一下子能取得那么多物质上的东西，能享受到自己以前享受不到的东西。

可是，事情就是这样，你越着急，就越不会成功。因为着急会使你失去清醒的头脑，结果，在你的奋斗过程中，浮躁占据着你的思维，使你不能正确地制定方针、策略以稳步前进。结果呢，自然适得其反。

许多年轻人就是这样，给自己确立了"3年计划""5年计划"，下定决心要在3年内赚3000万，5年内成为一个亿万富豪。

这些年轻人之所以制订这样的计划，也许，他们心目中的学习榜样正是李嘉诚。可他们这个时候却忘了，李嘉诚之所以成功，之所以成为华人首富，不是靠什么3年计划、5年计划，他是一步一个脚印，通过几十年而绝不仅仅是几年的奋斗得来的，而他的奋斗也是充满了艰辛与坎坷的。这些艰辛与坎坷，我们现在说起来好像挺轻松，一下子就过去了，而在当时，是一天一天、一小时一小时、一分一分、一秒一秒地捱过来的。对这分分秒秒的艰辛与坎坷的体味，需要多大的毅力与意志！一个浮躁的人，是不会这么细心地去品味这些滋味的，也许，他们一尝到这样的滋味，就马上退却了。而李嘉诚，作为一个稳健的人，他深知：这样的苦难是必定经受的，只有经受这些苦难才能赢得最终的甜美。

一个不浮躁的、稳健的人，通常也是一个不断地要求自己、完善自己、使自己不断适应时代与社会变革的人。也只有这样的人，才是最终会取得成功的人。

在这里，浮躁与稳健对于一个人成败的影响，一目了然。

只有不浮躁，才会吃得起成功路上的苦。

只有不浮躁，才会有耐心与毅力一步一个脚印地向前迈进。

只有不浮躁，才会制定一个接一个的小目标，然后一个接一个地实现它，最后走向大目标。

只有不浮躁，才不会因为各种各样的诱惑而迷失方向。

心中始终装着自己的目标

别人的人生再辉煌，你也感受不到任何光和热，别人的辉煌与自己毫无关联，你所能做的就是耐住寂寞，认准自己的目标，然后一步步地向自己的目标迈进，千万不要被别人的成功晃花了眼。

在 2006 年之前，低调的张茵对于大众而言还是一张很陌生的面孔。一夜间，"胡润富豪榜"将这一当年中国女首富推出水面，这个颇具传奇色彩的商界红颜瞬间成为公众瞩目的焦点。

在美国《财富》杂志"2007 年最有影响力商业女性 50 强"中，她被称为"全球最富有的白手起家的女富豪"！张茵已成为这个时代平民女性的榜样。

玖龙造纸有限公司，当这一企业红遍大江南北时，张茵也因此赢得了"废纸大王"的美誉。这个东北姑娘当年的泼辣闯劲至今还留在亲人的脑海里。

张茵出生于东北，走出校门后，做过工厂的会计，后在深圳信托公司的一个合资企业里也做过财务工作。1985 年，她曾有过当时看来绝好的机遇：分配住房，年薪 50 万港币……然而，张茵却只身携带 3 万元前往香港创业，在香港的一家贸易公司做包装纸的业务。

一直指导张茵的财富法则就是做事专注而坚定。看准商机就下手，全心全意去做事。对于中国四大发明之一的传统行业——造纸业，张茵情有独钟，倾注了很多的心血：从香港到美国，再到香港，继而把战场转向家乡，扩大到全世界，她的足迹随着纸浆的流动遍布全球。最初入行的张茵以"品质第一"为本，坚决不往纸浆里面掺水，因而触犯同行的利益吃尽了苦头，她曾接到黑社会的恐吓电话，也曾被合伙人欺骗。从未退缩的张茵凭借豪爽与公道逐渐赢得了同行的信任，废纸商贩都愿意把废纸卖给她，尽管她的粤语说得不好，但是诚信之下，沟通不是问题。

6 年时间很快过去，赶上香港经济蓬勃时期的张茵不但站稳了脚跟，而且还在完成资本积累的同时，把目光投向了美国市场。因为有了在香港积累的丰富创业实践经验和一定资本，加之美国银行的支持，1990 年起，张茵的中南控股（造纸原料公司）成为美国最大的造纸原料出口商，美国中南有限公司先后在美建起了 7 家打包厂和运输企业，其业务遍及美国、欧亚各地，在美国各行各业的出口货柜中数量排名第一。

成为美国废纸回收大王后，独具慧眼的张茵有了新的想法：做中国的废纸回收大王！ 1995 年，玖龙纸业在广东东莞投建。12 年后的今天，玖龙纸业产能已近 700 万吨，成为一家市值300 多亿港元的国际化上市公司……

从张茵的身上，我们看到了她的专注与坚定。无论做什么事，都全身心地投入。只要全心全意想要做好一件事，无论遇到什么困难与挫折，只要沉着应对，都可以化险为夷。

有人说，挡住人前进步伐的不是贫穷或者困苦的生活环境，而是内心对自己的怀疑。但是，如果一个人内心里始终装着自己的目标，并且能够耐得住寂寞，静下心来学着为自己的目标积累能量，坚定不移地为实现自己的目标而努力，那么即使他贫穷到买不起一本书，仍然可以通过借阅来获得知识。

人若是耐不住寂寞，老是眼红别人的成就，则不免会产生愤懑之心，看不惯别人取得的成就，要么悲叹命运之苦，要么控诉社会不公，这样一来，难免会让自己陷入负面情绪当中，而影响了自己的前程。

乐观与悲观是截然不同的人生态度

乐观与悲观是两种截然不同的人生态度。乐观的人对自己、对他人、对世界、对未来充满信心，凡事总能从积极的、正面的角度去考虑，因而能在困境中看到希望，找到出路；悲观的人对自己、对他人、对世界、对未来缺乏信心，凡事总从消极的、负面的角度去考虑，因而在光明中总能看到阴暗，感到绝望。

面对同样的启明星，乐观者会说，虽然摘不到，却永远在前

头；而悲观者则会说，虽然在前头，却永远摘不到。面对燃烧的蜡烛，乐观者会说，虽然燃烧了自己，却照亮了别人，真值得；而悲观者会说，虽然照亮了别人，却毁灭了自己，太可悲。乐观与悲观决定着一个人对事物的看法，决定着一个人心情的快乐与郁闷，决定着一个人行为的积极与消极，决定着一个人前途的光明与暗淡。

悲观者说，希望是地平线，就算看得见，也永远走不到；

乐观者说，希望是启明星，即使摘不到，也能告诉人们曙光就在前头。

乐观的人习惯用积极的方式解释问题，悲观的人会把问题做负面解释。

乐观的人会把差别抛诸脑后、拒绝停留在问题上，悲观的人认为问题是他们的短处或是他们的产品服务不良的证明。乐观的人会不断地去思考如何做才能做得更好，而悲观的人往往停留在自己做错的地方，变得堕落沮丧。

悲观的想法很少落空，假如你预期某事会有不妙的结果，结果也许会真的不妙；相反，乐观主义也会如此，假如预期会有好事发生，通常它就会发生。乐观和成功似乎存在着一种自然的因果关系。

乐观和悲观都具有强大的力量，我们每个人都必须从中做出选择以塑造我们的人生观与未来。每个人的生命中都有足够的好坏——充足的悲喜、哀乐——来达到乐观或悲观的理性基础。我们可以选择笑也可以选择哭，可以选择祝福也可以选择诅咒。该从哪个角度看待我们的人生，是满怀希望还是悲观失望，那是我们的选择。

乐观主义把我们的注意力从悲观主义中转移，并引向积极、有建设性的想法。如果你是一个乐观主义者，你会更关心问题的解决，而不是无谓地吹毛求疵。

跌倒了爬起来继续往前走

所谓绝境，不过是成功前的一个热身、蹲下身、屈起臂膀、起跳……这一个个动作，都是为最后那完美的冲刺所做的精心准备。因此，不管你现在顺利与否、灰心与否，让我们共同记住：天无绝人之路，更无绝人之境。面对人生接踵而至的绝境，要坚定地告诉自己：我一定能在最深的绝望里，遇见最美丽的惊喜。

当你被命运无情捉弄，当你的生活一无所有，当你失去亲人和朋友，当你的肢体变得残缺，请不要绝望，因为你还有人最宝贵的东西——生命。所以就算遭受了多么大的打击，也不要放弃活下去的念头，每个人都是造物主的杰作，父母赐予我们生命，我们就该好好珍惜。看看那些为了生存苦苦挣扎的人，他们都在为生存而努力勇敢地走下去。

跌倒了爬起来继续往前走，放弃堕落和脆弱，只要活着，就有希望。

也许你以为自己深陷绝路，你认为所有的努力都是徒劳的，其实，再坚持一会儿，再试一下，就有可能看到胜利的曙光。很多时候，打败你的不是对手，也不是外部的环境，而是你自己的

脆弱。并不是生活把你逼上了绝路，而是你自己把自己拉向了深渊。不管身处什么样的境地，都不要用绝望代替希望，只要有希望与你同在，总会出现柳暗花明又一村的转机。

相信自己没有什么不能做到，如果抱着巨大的热情和坚强的意志去改变现实，你就能掌控自己的命运。

只有多吃一点儿苦，才能磨炼出我们克服困难的勇气。只要我们有突破困境的信心，就不会惧怕黎明前的黑暗。只要我们能再坚持一下，再努力一回，迈出自己自信的步伐，完成这最后也是最关键的一步，我们就一定能进入成功的殿堂。

向完美靠近

一座深山里有两块石头，第一块石头对第二块石头说："与其在这里养尊处优，默默无闻，还不如到外面世界去经历一番艰险和坎坷，经历一些磕磕碰碰。能够见识一下旅途的风光，也就知足了。"

"不，何苦呢？"第二块石头说，"安坐高处，一览众山小，周围花团锦簇，谁会那么愚蠢地在享乐和磨难之间选择后者。再说那路途的艰险磨难会让我粉身碎骨的！"

于是，第一块石头随山溪滚涌而下，虽然受尽了雨雪风霜和大自然的非难，但它依然执着地在自己的路途上奔波。第二块石头见它如此辛劳和困苦，讥讽地笑了，它独自在高山上享受着安逸和幸福。许多年后，饱经风霜、历尽沧桑、千锤百炼的第一块石头和它的家族被有心人发现了，并收藏在博物馆中。它们成了世间的珍品、石艺的精华，被千万人赞美称颂，享尽了人间的富贵荣华。第二块石头知道后，有些后悔当初，现在它想去投入世间风尘的洗礼中，然后得到像第一块石头拥有的成功和高贵，可是一想到要经历那么多的坎坷和磨难，甚至疮痍满目、伤痕累累，还有粉身碎骨的危险，便又退缩了。

一天，人们为了更好地珍存那石艺的精华，准备为第一块石头重新修建一座博物馆，建造材料全部用石头。于是，他们来到高山上，把第二块石头凿方推平，给第一块石头盖起了房子。

朋友，读了这个故事，你希望自己做哪一种石头？

世界上第一位亿万富翁——石油大王洛克菲勒曾对他的儿子说："我之所以成功是因为我一贯地追求完美。要做就做第一，在我眼中，第二名和最后一名没有什么区别。"

追求完美，是人类自身在渐渐成长过程中的一种心理特点或者说是一种天性。人类正是在这种追求中不断完善着自己，使得自身脱去了以树叶遮羞的衣服，变得越来越漂亮，成为这个世界万物之精灵。如果人只满足于现状，而失去了对完美的追求，那么人大概现在还只能在森林中爬行。

凤凰涅槃是追求完美的典范。传说天方国有神鸟叫"菲尼克司"，满500年后，它们堆集香木自焚，又从死灰中再生，不再死去。

泰戈尔曾说："天地万物都在追求自身的独一无二的完美。"我们虽然做不到完美，但我们可以追求完美，至少我们在向完美靠近。

第六章　有信念的人，再难的日子都会度过

做事没有任何借口

没有人与生俱来就会表现出能与不能，是你自己决定要以何种态度去对待问题。保持一颗积极、绝不轻易放弃的心去面临各种困境，而不要让借口成为你工作中的绊脚石。

世界上最容易办到的事是什么？很简单，就是找借口。狐狸吃不到葡萄，它就找出一个借口：葡萄是酸的。我们都讥笑狐狸的可怜，但我们又不自觉地为自己找借口。

在我们日常生活中，常听到这样一些借口：上班晚了，会有"路上堵车""闹钟坏了"的借口；考试不及格，会有"出题太偏""题目太难"的借口；做生意赔了本有借口；工作、学习落后了也有借口……只要有心去找，借口总是有的。

久而久之，就会形成这样一种局面：每个人都努力寻找借口来掩盖自己的过失，推卸自己本应承担的责任。于是，所有的过错，你都能找到借口来承担，借口让你丧失责任心和进取心，这对于你的生活和工作都是极其不利的。

没有人与生俱来就会表现出能与不能，是你自己决定要以何种态度去对待问题。保持一颗积极、绝不轻易放弃的心去面临各种困境，而不要让借口成为你工作中的绊脚石。

年轻的亚历山大继承了马其顿的王位后，拥有广阔的土地和无数的臣民，可这并不能满足他的野心。一次，亚历山大因一场小型战争离开故乡，他的目光被一片肥沃的土地吸引，那里是波斯王国。于是，他指挥士兵向波斯大军发起了进攻，并在一场又一场战斗中打败了对手。随后陷落的是埃及。埃及人将亚历山大视为神一般的人物。卢克索神庙中的雕刻表明，亚历山大是埃及历史上第一位欧洲法老。为了抵达世界的尽头，他率领部队向东，进入一片未知的土地。20多岁的时候，他就已经击败了阿富汗的地区头领。接着，他又很快对印度半岛上的王侯展开了猛烈进攻……

在仅仅十多年的时间里，亚历山大就建立起了一个面积超过200万平方英里的帝国。因为他在任何情况下都不找借口，即使是条件不存在，他也毫不犹豫地去创造条件。

做事没有任何借口。条件不足，创造条件也要上。美国成功学家拿破仑·希尔说过这样一段话："如果你有自己系鞋带的能力，你就有上天摘星的机会！"让我们改变对借口的态度，把寻找借口的时间和精力用到努力工作中来。因为工作中没有借口，失败没有借口，成功也不属于那些找借口的人！

第二次世界大战时期的著名将领蒙哥马利元帅在他的回忆录《我所知道的二战》中有这样一个故事：

"我要提拔人的时候，常常把所有符合条件的候选人集合到一起。给他们提一个我想要他们解决的问题。我说：'伙计们，我要在仓库后面挖一条战壕，8米长，3米宽，6米深。'说完就宣布解散。我走进仓库，通过窗户观察他们。

"我看到军官们把锹和镐都放到仓库后面的地上，开始议论我为什么要他们挖这么浅的战壕。他们有的说6英寸还不够当火炮掩体。其他人争论说，这样的战壕太热或太冷。还有一些人抱怨他们是军官，这样的体力活应该是普通士兵的事。最后，有个人大声说道：'我们把战壕挖好后离开这里，那个老家伙想用它

第六章　有信念的人，再难的日子都会度过

干什么，随他去吧！'。

最后，蒙哥马利写道："那个家伙得到了提拔，我必须挑选不找任何借口地完成任务的人。"

一万个叹息抵不上一个真正的开始。不怕晚开始，就怕不开始。没有第一步，就不会有万里长征；没有播种，就不会有收获；没有开始，就不会有进步。因此，你千万不要找借口，再困难的事只要你尝试去做，也比推辞不做要强。

不要丧失信心和希望

"不经历风雨，怎能见彩虹"，任何一次成功的获得都要经过艰辛的奋斗和痛苦的磨炼，才能拥有。

老鹰是世界上寿命最长的鸟类。它可以活到70岁。要活那么长的寿命，它在40岁时必须做出艰难却重要的决定。

当老鹰活到40岁时，它的爪子开始老化，无法有效地抓住猎物。它的喙变得又长又弯，几乎碰到胸膛。它的翅膀变得十分沉重，因为它的羽毛长得又浓又厚，使得飞翔十分吃力。

它只有两种选择：等死，或经过一个十分痛苦的更新过程。

老鹰要经过150天漫长的历练，很努力地飞到山顶，在悬崖上筑巢。停留在那里，不得飞翔。

老鹰首先用它的喙击打岩石，直到完全脱落。然后静静地等候新的喙长出来。

它会用新长出的喙把指甲一根一根地拔出来。当新的指甲长出来后，它们便把羽毛一根一根地拔掉。5个月以后，新的羽毛长出来了。这个时候，老鹰才能开始飞翔，重新得到30年的岁月！

在我们的生命中，有时候我们也必须做出艰难的决定，然后才能获得重生。我们必须把旧的习惯、旧的传统抛弃，使我们可以重新飞翔。只要我们愿意放下旧的包袱，愿意学习新的技能，我们就能发挥我们的潜能，创造新的未来。

乔·路易斯，世界十大拳王之一，可以说是历史上最为成功的重量级拳击运动员，在长达12年的时间里，他曾经让25名拳手败在自己的拳下。

自从上学以后，乔伊·巴罗斯就成了同学嘲弄的对象。也难怪，放学后，别的18岁的男孩子进行篮球、棒球这些"男子汉"的运动，可乔伊却要去学小提琴！这都是因为巴罗斯太太望子成龙心切。20世纪初，黑人还很受歧视，母亲希望儿子能通过某种特长改变命运，所以从小就送乔伊去学琴。那时候，对于一个普通家庭来说，每周50美分的学费是个不小的开销，但老师说乔伊有天赋，乔伊的妈妈觉得为了孩子的将来，省吃俭用也值得。

但同学不明白这些，他们给乔伊取外号叫"娘娘腔"。一天乔伊实在忍无可忍，用小提琴狠狠砸向取笑他的家伙。一片混乱中，只听"咔嚓"一声，小提琴裂成两半儿——这可是妈妈节衣缩食给他买的。泪水在乔伊的眼眶里打转，周围的人一哄而散，边跑边叫："娘娘腔，拨琴弦的小姑娘……"只有一个同学既没跑，也没笑，他叫瑟斯顿·麦金尼。

别看瑟斯顿长得比同龄人高大魁梧，一脸凶相，其实他是个热心肠的好人。虽然还在上学，瑟斯顿已经是底特律"金手套大

赛"的卫冕冠军了。"你要想办法长出些肌肉来，这样他们才不敢欺负你。"他对沮丧的乔伊说。瑟斯顿不知道，他的这句话不但改变了乔伊的一生，甚至影响了美国一代人的观念。虽然日后瑟斯顿在拳坛没取得什么惊人的成就，但因为这句话，他的名字被载入拳击史册。

当时，瑟斯顿的想法很简单，就是带乔伊去体育馆练拳击。乔伊抱着支离破碎的小提琴跟瑟斯顿来到了体育馆。"我可以先把旧鞋和拳击手套借给你，"瑟斯顿说，"不过，你得先租个衣箱。"租衣箱一周要 50 美分，乔伊口袋里只有妈妈给他这周学琴的 50 美分，不过琴已经坏了，也不可能马上修好，更别说去上课了。乔伊狠狠心租下衣箱，把小提琴放了进去。

开头几天，瑟斯顿只教了乔伊几个简单的动作，让他反复练习。一个礼拜快结束时，瑟斯顿让乔伊到拳击台上来，试着跟他对打。没想到，才第三个回合，乔伊一个简单的直拳就把"金手套"瑟斯顿击倒了。爬起来后，瑟斯顿的第一句话就是："小子，把你的琴扔了！"

乔伊没有扔掉小提琴，但他发现自己更喜欢拳击，每周 50 美分的小提琴课学费成了拳击课的学费，巴罗斯太太懊恼了一阵后，也只好听之任之。不久乔伊开始参加比赛，渐渐崭露头角。为了不让妈妈为他担心，乔伊悄悄把名字从"乔伊·巴罗斯"改成了"乔·路易斯"。

5 年以后，23 岁的乔已经成为重量级世界拳王。1938 年，他击败了德国拳手施姆林，当时德国在纳粹统治之下，因此乔的胜利意义更加重大，他成了反法西斯者心中的英雄。但巴罗斯太太一直不知道人们说的那个黑人英雄就是自己"不成器"的儿子。

漫漫人生，人在旅途，难免会遇到荆棘和坎坷，但风雨过后，一定会有美丽的彩虹。任何时候都要抱有乐观的心态，任何时候都不要丧失信心和希望。失败不是生活的全部，挫折只是人生的插曲。虽然机遇总是飘忽不定，但朋友，只要你坚持，只要你乐观，你就能永远拥有希望，走向幸福。

放低姿态，不断学习

《伊索寓言》中有这样一个故事：

有一只狐狸喜欢自夸自大，它以为森林中自己最大。

傍晚，它单独出去散步，走路的时候看见一个映在地上的巨大影子，觉得很奇怪，因为它从来没有见过那么大的影子。后来，它知道是它自己的影子，就非常高兴。它平常就以为自己伟大、有优越感，只是一直找不到证据可以证明。

为了证实那影子确实是自己的，它就摇摇头，那个影子的头部也跟着摇动，这证明影子是自己的。它就很高兴地跳舞，那影子也跟着它舞动。它继续跳，正得意忘形时，来了一只老虎。狐狸看到老虎也不怕，就拿自己的影子与老虎比较，结果发现自己的影子比老虎大，就不理它，继续跳舞。老虎趁着狐狸跳得得意忘形的时候扑了过去，把它咬死了。

一个人若种植信心，他会收获品德。一个人若种下骄傲的种子，他必收获众叛亲离的果子，甚至带来不可预知的危险，就像那只自夸自大、自我膨胀的狐狸一样。

但高傲的姿态，却是现代人的通病。大家都想吸引别人的目光，殊不知这目光可能投来善意，也可能投来恶意。越是高调的人，越容易成为众矢之的。老子在《道德经》中说："生而不有，为而不恃，功成而不居。"又说："功成名遂，身退，天之道。"如果成功之后，只知自我陶醉，迷失于成果之中停滞不前，那就是为自己的成就画了句号。

成功常在辛苦日，败事多因得意时。切记：不要老想着出风头。一个人的成绩都是在他谦虚好学、伏下身子踏实肯干的时候取得的，一旦骄气上升、自满自足，必然会停止前进的脚步。

有人会说，大凡骄傲者都有点儿本事、有点儿资本。你看，《三国演义》中"失荆州"的关羽和"失街亭"的马谡不是都熟读兵书、立过大功吗？这种说法其实是只看到了事情的表面，而没看到事情的本质。关羽之所以"大意失荆州"，马谡之所以"失街亭"，不正是因为他们自以为"有资本"而铸成的大错吗？

一个人有一点儿能力，取得一些成绩和进步，产生一种满意和喜悦感，这是无可厚非的。但如果这种"满意"发展为"满足"，"喜悦"变为"狂妄"，那就成问题了。这样，已经取得的成绩和进步，将不再是通向新胜利的阶梯和起点，而成为继续前进的包袱和绊脚石，那就会酿成悲剧。

在这个世界上，谁都在为自己的成功拼搏，都想站在成功的巅峰上风光一下。但是成功的路只有一条，那就是放低姿态，不断学习。在通往成功的路上，人们都行色匆匆，有许多人就是在稍一回首、品味成就的时候被别人超越了。因此，有位成功人士的话很值得我们借鉴："成功的路上没有止境，但永远存在险境；

没有满足，却永远存在不足；在成功路上立足的最基本的要点就是学习，学习，再学习。"

虽然走得很慢，但我不曾退缩过

"登泰山而小天下"，这是成功者的境界，如果达不到这个高度，就不会有这个视野。但是，若想到达这种境界亦非易事，人们从岱庙前起步上山，进中天门，入南天门，上十八盘，登玉皇顶，这一步步拾级而上，起初倒觉轻松，但愈到上面便愈感艰难。十八盘的陡峭与险峻曾使无数登山客望而却步。游人只有努力向前，才能登上泰山山顶，体验杜甫当年"一览众山小"的酣畅意境。

许多人盼望长命百岁，却不理解生命的意义；许多人渴求事业成功，却不愿持之以恒地努力。其实，人的生命是由许许多多的"现在"累积而成的，人只有珍惜"现在"，不懈奋斗，才能使生命焕发光彩，事业获得成功。

要成功，最忌"一日曝之，十日寒之""三天打鱼，两天晒网"。数学家陈景润为了求证哥德巴赫猜想，用过的稿纸几乎可以装满一个小房间；作家姚雪垠为写成长篇历史小说《李自成》，竟耗费了40年的心血，大量的事实告诉我们：无论你多么聪明，成功都是在踏实中，一步一步、一年一年积累起来的。

莎士比亚说："斧头虽小，但多次砍劈，终能将一棵挺拔的大树砍倒。"

现在有一种流行病，就是浮躁。许多人总想"一夜成名""一夜暴富"。他们不扎扎实实地长期努力，而是想靠侥幸一举成功。比如投资赚钱，不是先从小生意做起，慢慢积累资金和经验，再把生意做大，而是如赌徒一般，借钱做大投资、大生意，结果往往惨败。网络经济一度充满了泡沫。有的人并没有认真研究市场，也没有认真考虑它的巨大风险，只觉得这是一个发财成名的"大馅饼"，一口吞下去，最后没撑多久，草草倒闭，白白"烧"掉了许多钞票。

俗话说："滚石不生苔"，"坚持不懈的乌龟能快过灵巧敏捷的野兔"。如果能每天学习一小时，并坚持12年，所学到的东西，一定远比坐在学校里混日子的人所学到的多。

人类迄今为止，还不曾有一项重大的成就不是凭借坚持不懈的精神而实现的。

大发明家爱迪生也如是说："我从来不做投机取巧的事情。我的发明除了照相术，也没有一项是由于幸运之神的光顾。一旦我下定决心，知道我应该往哪个方向努力，我就会勇往直前，一遍一遍地试验，直到产生最终的结果。"

要成功，就要强迫自己一件一件地去做，并从最困难的事做起。有一个美国作家在编辑《西方名作》一书时，应约撰写102篇文章。这项工作花了他两年半的时间。加上其他一些工作，他每周都要干整整七天。他没有从最容易阐述的文章入手，而是给自己定下一个规矩：严格地按照字母顺序进行，绝不允许跳过任何一个自感费解的观点。另外，他始终坚持每天都首先完成困难较大的工作，再干其他的事。事实证明，这样做是行之有效的。

一个人如果要成功，就应该学习这些名人的经验，从小事入手，坚持下去，总有一天你会看到成功的阳光。

第七章

心可以高飞，脚要植根于地上

勤劳一日，可得一夜安眠

人一生会遇到许多大大小小令人痛苦的事情，如果人能一心专注于自己的梦想，并为自己的梦想付出辛勤的工作，心无旁骛就无暇感受痛苦，取而代之的是沉浸在辛勤工作带来的喜悦当中。当然这并不是一种麻木的逃避，而是化悲痛为力量的一种行为。当通过自己的辛勤努力获得成功后，获得的喜悦也将会是更大的。

有一位熨衣工人，周薪只有 60 元，一家住在拖车房屋中。他的妻子上夜班，虽然夫妻俩都在工作，但赚到的钱也只能勉强糊口。他们的儿子耳朵发炎，他们只好连电话也拆掉，省下钱去买抗生素为儿子治病。

这位工人有一个梦想，就是希望成为作家。他夜间和周末都不停地写作，打字机的噼啪声不绝于耳。他的余钱全部用来支付邮费，寄原稿给出版商和经纪人。令他沮丧的是，他的作品全被退回了。退稿信很简短，非常公式化，他甚至不敢确定出版商和经纪人究竟看没看过他的作品。

一天，他读到一部小说，令他记起了自己的某部作品，他把作品的原稿寄给那部小说的出版商，出版商把原稿交给了皮尔·汤姆森。几个星期后，他收到汤姆森的一封热诚亲切的回信，说原稿的毛病太多。不过汤姆森的确相信他有成为作家的希望，并鼓励他再试试看。

看到希望的他在此后的 18 个月里，又给编辑寄去两份原稿，但都被退回了。他开始试着写第三部小说，不过由于生活逼迫，经济上捉襟见肘，他开始变得有些力不从心。一天夜里，他把原稿扔进了垃圾桶。第二天，他的妻子把原稿捡了回来。妻子告诉她："你不应该半途而废，特别是在你快要成功的时候。"他瞪着那些稿纸发愣。也许他已不再相信自己，但妻子却相信他会成功，一位他从未见过面的纽约编辑也相信他会成功。

于是他坚定下来，决定付出更大的努力，因此他每天都坚持写1500字。写完以后，他把小说寄给汤姆森，收到小说的汤姆森出版公司决定出版并预付了2500美元给这位工人。经典恐怖小说《嘉莉》就此诞生，这位工人便是史蒂芬·金。这本小说后来销售了500万册，还被摄制成电影，成为1976年最卖座的电影之一。

诺贝尔经济学奖得主萨缪尔森说："辛勤的蜜蜂永远没有悲伤的时间。"

宋濂与刘基、高启并称为明初诗文三大家。明朝初立，朝廷礼乐制度多为宋濂所制定。他学识渊博，著作丰富，被朱元璋称为"开国文臣之首"，刘基赞许他"当今文章第一"，四方学者称他为"太史公"。享有如此高的成就与宋濂勤恳苦学的精神是分不开的，宋濂求学时的勤恳艰辛情况大体如此：

宋濂小时候就特别喜爱读书。因为家里贫穷，无法支付额外的买书费用，因此常常向藏书的人家去借书，借来之后就亲手抄写，计算着日期按时送还。天气寒冷的时候，砚池里的墨水都结成坚硬的冰，手指冻得僵硬以致不能弯曲和伸直，但即便如此，宋濂也没有片刻倦怠。抄写完了，就赶快送还，不敢稍稍超过约定的期限。因此有藏书的人都愿意把书借给他，这样他就有机会阅读到很多书。

到了二十来岁的时候，宋濂愈加仰慕古代圣贤的学说，可是担心没有才学渊博的老师和名人相交往请教。为了得到良师益友的指点，宋濂曾经到百里以外向同乡有名望的前辈拿着书请教。前辈道德、声望高，高人弟子挤满了他的屋子，他从来没有把语言放委婉些，把脸色放温和些。宋濂每每恭敬地站在他旁边，提出疑难，询问道理，弯着身子侧着耳朵请教。有时遇到他斥责人，谨慎的宋濂表情更加恭顺，礼节更加周到，一句话都不敢说；等到他高兴了，就又向他请教。宋濂因此获益良多。

当宋濂出游去拜师求学的时候，背着书籍，拖着鞋子，在深山峡谷中奔走，深冬刮着凛冽的寒风，大雪有几尺深，脚上的皮肤冻裂了都不知道。走到旅舍，宋濂的四肢冻僵了不能动弹，服侍的人拿来热水给他洗手暖脚，拿被子给他盖上，过很久才暖和过来。在旅馆里，宋濂更是勤勉艰苦，每天只吃两顿饭，没有鲜美的食物可以享受。一起住在旅馆的同学们，都穿着华美的衣服，戴着红缨和宝石装饰的帽子，腰上佩带白玉环，左边佩着刀，右边挂着香袋，闪光耀眼好像仙人。而宋濂却穿着破棉袄旧衣衫生活在他们中间，但毫无羡慕之心。因为宋濂心中有自己的乐趣，所以感觉不到吃穿的享受不如别人了。

锦衣玉食的奢靡生活并不是宋濂所想要的，他一心追求的是迈向学问高峰，热衷于自己心中乐趣的宋濂又怎么会有空去感受他不需要的东西呢！更无须为这些不需要的东西而感到痛苦。

日本著名企业家松下幸之助说："我小时候，在当学徒的 7 年当中，在老板的教导之下，不得不勤勉学艺，也不知不觉地养成了勤勉的习惯。所以他人视为辛苦困难的工作，而我自己却不觉得辛苦，所以我与他人的看法自然就有差异了。我青年时代始终一贯地被教导要勤勉努力，此乃人生之一大原则。事实上，在这个社会里，有勤勉努力习惯的人，不太被人称赞是尊贵或者伟大，也不会被认为很有价值，因此，我认为大家应该无所顾忌地提升对具有这种良好习惯者的评价，这样才算真正对勤勉习惯的价值有所认识。"

大凡成功者都有这样的感悟，勤劳并不是受罪。"勤劳一日，可得一夜安眠；勤劳一生，可得幸福长眠。"

一分辛苦一分才

"雄鹰可以到达金字塔的塔尖，蜗牛同样也可以。"雄鹰的资质极佳、得天独厚，要达到金字塔的顶点当然比资质平庸的蜗牛容易得多。但这并不意味着鹰不需要勤奋努力、艰苦磨炼就能轻易做到，须知道在华丽的飞翔背后，是一个何等残酷的磨炼。

当一只幼鹰出生后，不待几天就要接受母鹰的训练。在母鹰的帮助下，成百上千次训练后的幼鹰就能独自飞翔。如果你认为这样就可以的话那就错了，事情远没有这么简单，这只是第一步。接着母鹰会把幼鹰带到高处悬崖上，把它们摔下去，许多幼鹰因为胆怯而被母鹰活活摔死，但没有经过这样的尝试是无法翱翔蓝天的。通过两关训练的幼鹰接下来面临的是最为关键、最为艰难的考验。幼鹰那正在成长的翅膀会被母鹰折断大部分骨骼，并且会再次被从高处推下，能在此处忍住痛苦振翅而起的才算拥有蓝天。

诚然，世界上没有两个完全一样的人，人与人之间充满了差异，有的人资质好，而有的人却要显得平庸得多。我们资质差，但这并不妨碍我们用辛勤的脚步走向成功。

德摩斯梯尼（前384—前322），古雅典雄辩家、民主派政治家，一生积极从事政治活动，极力反对马其顿入侵希腊，后在

雅典组织反马其顿运动中为国壮烈牺牲。

当时，在雄辩术高度发达的雅典，无论是在法庭、广场，还是公民大会上，经常会有经验丰富的演说家在辩论。听众的要求也非常高，甚至到了挑剔刻薄的程度。演说者一个不适当的用词。或是一个难看的手势和动作，常常都会引来讥讽和嘲笑。

德摩斯梯尼天生口吃，嗓音微弱，还有耸肩的坏习惯。在这些高标准、严要求的听众看来，他似乎没有一点当演说家的天赋。因为在当时的雅典，一名出色的演说家必须是声音洪亮、发音清晰、姿势优美而且富有辩才。德摩斯梯尼最初的政治演说是非常糟糕的，由于口吃结巴、发音不清、论证无力，而多次被轰下讲坛。为了成为卓越的政治演说家，德摩斯梯尼此后做了超乎常人的努力，进行了异常刻苦的学习和训练。德摩斯梯尼终日不断刻苦读书学习，据说，他把《伯罗奔尼撒战争史》抄写了 8 遍；除了学习历史，德摩斯梯尼还虚心向著名的演说家请教发音的方法；为了克服口吃毛病，每次朗读时都放一块小石头在嘴里，迎着大风和面对着波涛练习；为了改掉气短的毛病，他一边在陡峭的山路上攀登，一边不停地吟诗朗诵；为了改善演讲时的面部表情，他在家里装了一面大镜子，每天起早贪黑地对着镜子练习演说；为了改掉说话耸肩的坏习惯，他在头顶上悬挂一柄剑，或悬挂一把铁叉；他把自己剃成阴阳头，以便能安心躲起来练习演说……

德摩斯梯尼不仅在发音和形象上进行改善，而且努力提高政治、文学修养。他研究古希腊的诗歌、神话，背诵优秀的悲剧和喜剧，探讨著名历史学家的文体和风格。柏拉图是当时公认的独具风格的演讲大师，他的每次演讲，德摩斯梯尼都前去聆听，并用心琢磨、学习大师的演讲技巧……

经过十多年的磨炼，德摩斯梯尼终于成了一位出色的演说家，他的著名的政治演说为他建立了不朽的声誉，并在政治上取得了很大成就：他的演说词结集出版，成为古代雄辩术的典范。

公元前330年，雅典政治家泰西凡鉴于德摩斯梯尼对国家所做的贡献．建议授其金冠荣誉。德摩斯梯尼的政敌埃斯吉尼反对此种做法，认为不符合法律。为此，德摩斯梯尼与埃斯吉尼展开了一场针尖对麦芒的斗争，公开辩论。在此次辩论中，德摩斯梯尼用事实证明了自己当之无愧。最后，泰西凡的建议得以通过，决定授予德摩斯梯尼金冠。

德摩斯梯尼的资质在我们看来非常差，然而他付出了"嘴含石块""头悬铁剑"等诸多辛勤努力，终于成了一位伟大的辩论家和政治家。

"勤能补拙是良训，一分辛苦一分才"，只要付出，相信总会有回报的。

晚清四大名臣之一的曾国藩，读书资质也非常差，差到让一个到自家行窃的小偷都心存鄙夷。一天，曾国藩在家读书，始终在朗读着一篇文章，读了又背，背了又读。如此反反复复，始终没有把它背下来。

偏巧，这时候一个小偷偷到曾国藩的家里了。小偷见有人在背书，为了不被发现，就先潜伏在屋檐下，想等所有人都睡熟了之后再进行行窃。可没想到，这个"酸腐"的读书人还是一直在那吟吟哦哦地读着文章，大有欲罢不能的态势。这个小偷看见这种架势，于是有点愤怒地跳出来指着妨碍他行窃的曾国藩责骂道："你这榆木疙瘩般的脑子，还读个什么书啊？"这种"恨铁不成钢"的语气颇有几分语重心长、苦口婆心的意味。说罢，具有"诲人不倦"精神

第七章　心可以高飞，脚要植根于地上

·175·

的小偷又将曾国藩一直反复朗读的文章一字不落地背了下来，然后扬长而去，留下尚未缓过神来的曾国藩在房中惊愕不已。

曾国藩的这番遭际也算得上是"千古奇遇"了。无疑，这个小偷的资质比曾国藩不止高出一个境界，然而曾国藩却成了历史上非常具有影响力的人物，靠的就是那"不断反复"的勤奋刻苦的精神。而贼始终是贼，不正是因为他不肯付出努力、想不劳而获的缘故吗？

雄鹰资质再好，如果不去搏击风雨，退化的羽翼反而成为负担；蜗牛再慢，只要勤奋努力，一步步也能爬上金字塔的顶点。

勤奋能击败苦难

许多年轻人在遭遇挫折与失败后，环视身边周围一切，想到自己没有贵人提携相助，身无长物，没有资金傍身，运气也不站在自己这一边，相伴的只有接踵而至的苦难，看自己形影相吊、孑然一身，不禁黯然神伤，自怨自艾、自哀自怜一番，然后在孤独的夜里独自舐舐那苦难留下的伤口。他们喜欢做这样的自我怜惜，甚至是享受。然后就这样一直在苦难中堕落下去，从没想过要振奋起来。然而"生活不是林黛玉，并不会因为忧伤风情万种"。

有个到处流浪的街头艺人，虽然才40多岁，却像80岁的体格。整个人瘦骨嶙峋，看不到一点生气，形容枯槁，去医院诊断为肝癌末期，已时日无多。临终前，把年仅16岁的独子叫到身边，"人之将死，其言也善"，他嘱咐儿子："你要好好念书，不可像我一样，年轻时不肯努力，终日蹉跎岁月，以致老无所成。我年轻时好勇斗狠，日夜颠倒，抽烟喝酒，正值壮年就得了绝症。这些你要谨记在心，可别走上我的老路。我没什么可以送给你，就送你两个字——勤奋。"

他的儿子好像没有接受"勤奋"二字。长大后的他经常在酒场、赌场厮混，打架闹事。有一次与客人发生冲突，因冲突过于激烈，以致失手将人打死。为此，他被捕坐牢，度过了几年牢狱生活。刑满出狱后，物是人非，周围的一切都变得陌生了。可能觉得自己不再适合"闯荡江湖"了，他决定痛改前非。发现不能走老路的他想找一份正当的工作来做，可又苦于身无一技之长，只好下定决心，回到乡下，做些杂工以维持生计。

由于他年轻时的无端蹉跎，到知天命之年才成家。年事渐长，经历过一番风雨的他似乎渐渐懂得了父亲临死前交代的话。如果你认为他明白了"亡羊补牢，为时未晚"的道理的话，那就错了。他感觉自己体力一天不如一天，一年不如一年，面对着无法支撑起来的家，心里充满着无限的悔恨与悲伤，然后在悲伤悔恨中自哀，然而仅此而已。悔恨交织的他每日只懂借酒浇愁，就这样浑浑噩噩地过完一生。

悔恨与悲伤对眼前的境况不能起到任何的改善作用，反而会让人堕入其中，从而丧失了前进的动力，然后浑浑噩噩以终日。要想取得成功、获得幸福生活，勤劳的双手才是保障。只要我们拥有勤奋的精神，就能击败苦难，赢得成功。

斯蒂芬·威廉·霍金是英国剑桥大学应用数学及理论物理学系教授，当代最重要的广义相对论和宇宙论学家，是当今享有国际盛誉的伟人之一，被称为当时在世的最伟大的科学家，还被称为"宇宙之王"。

霍金在牛津大学毕业后转去剑桥大学读研究生，就在这时，他被诊断出患有会使肌肉萎缩的"卢伽雷氏症"，不久之后就完全瘫痪了，所以他看书必须依赖一种翻书页的机器，读文献时必须让人将每一页摊平在一张大办公桌上，然后他驱动轮椅如蚕吃桑叶般地逐页阅读。祸不单行，霍金后来又因为肺炎进行了穿气管手术而丧失了语言能力，因此他只能依靠安装在轮椅上的一个小对话机和语言合成器与人进行交谈。

要成为伟大的人，注定要经历并战胜一些非常之事。面对这些疾病带来的巨大折磨，霍金没有垂头丧气、自哀自怜，而是用一种比从前更为坚强的毅力以及辛勤的行动去回击那些苦难。霍金从未放弃对学习的坚持，他用惊人的毅力继续从事着物理研究，终于取得了巨大的成绩，成为世界上公认的引力物理科学巨人。他的黑洞蒸发理论和量子宇宙论不仅震动了自然科学界，并且对哲学和宗教都产生了深远的影响。此外，霍金还在1988年4月出版了他的著作《时间简史》，《时间简史》自1988年首版以来，已成为全球科学著作的里程碑。它被翻译成40多种文字，销售了近10000万册，成为国际出版史上的奇观。该书内容是关于宇宙本性的最前沿知识，但是从那以后无论在微观还是宏观宇宙世界的观测技术方面都有了非凡的进展。

面对苦难，只有拿出勇气与辛勤的劳动才能成就辉煌。霍金被誉为自爱因斯坦以来世界最著名的科学思想家和最杰出的理论物理学家，之所以取得如此成就，靠的是他比伤病前更大的决心与更多的努力。与其说他的成功是因为他的天赋，不如说他的成功是因为他勤奋执着的精神。一个人如果只知在痛苦中沉沦，天赋再好也终将荒废。没有勤奋努力的精神，其他一切都是白费。

美国小说家马修斯说:"勤奋工作是我们心灵的修复剂,是对付愤懑、忧郁症、情绪低落、懒散的最好武器。有谁见过一个精力旺盛且生活充实的人会苦恼不堪、可怜巴巴呢?"勤奋的人懂得在苦难中奋起,用汗水换回幸福。

李嘉诚说:"我17岁开始做批发的推销员,就更加体会到了挣钱的不容易、生活的艰辛。人家做8个小时,我就做16个小时。"李嘉诚能站在华人富豪的巅峰,与他这种辛勤努力是有直接关系的。

因此我们要取得成功、获得幸福生活,顾影自怜是不会达到效果的,只有今天用自己辛勤的双手才能缔造幸福的明天。所以,面对悲惨的现实,不要沉浸堕落其中,行动起来吧,用辛勤的行动去撕破悲伤交织的网。

面对苦难,只会自哀自怜是没有任何用处的,勤劳才是治疗疾病与悲惨的最佳秘方。

克服懒惰才能免于毁灭

萧伯纳说:"懒惰就像一把锁,锁住了知识的仓库,使你的智力变得匮乏。"懒惰就像是一种精神腐蚀剂,使人变得萎靡不振。懒惰的人好逸恶劳,即便是力所能及的事情也不愿意动手去做,妄图坐享其成。能力是修炼出来的,凡事都袖手旁观,自身的能力就会退化。

因此,颜之推在《颜氏家训》中告诫自己的子孙说:"天下事以难而废者十之一,以惰而废者十之九。""天下无难事,只怕有心人"，勤奋用心的人不会因为事情的艰难而放弃成功的希望；懒惰才是失败的主要原因，因为懒惰会让人的智力变得贫乏，能力变得平庸。

好逸恶劳乃是万恶之源，懒惰会吞噬一个人的心灵。对于任何一个人来说，懒惰都是一种堕落的、具有毁灭性的腐蚀剂。比尔·盖茨说："懒惰、好逸恶劳乃是万恶之源，懒惰会吞噬一个人的心灵，就像灰尘可以使铁生锈一样，懒惰可以轻而易举地毁掉一个人，乃至一个民族。"

一旦染上了懒惰的习性，就等于为自己掘下了坟墓。毫无疑问，懒惰者是不能成大事的，因为懒惰的人总是贪图安逸，遇到一点风险就裹足不前；而且生性懒惰的人还缺乏吃苦实干的精神，总想吃天上掉下来的馅饼。这种人不可能在社会生活中成为成功者，他们永远是失败者。

人们总有不劳而获的思想，克服懒惰才能免于毁灭，而付出辛勤的劳动是唯一的方法。英国哲学家穆勒这样认为："无论王侯、贵族、君主，还是普通市民都具有这个特点，人们总想尽力享受劳动成果，却不愿从事艰苦的劳动。懒惰、好逸恶劳这种本性是如此的根深蒂固、普遍存在，以至于人们为这种本性所驱使，往往不惜毁灭其他的民族，乃至整个社会。为了维持社会的和谐、统一，往往需要一种强制力量来迫使人们克服懒惰这一习性，从而不断地劳动。"

一位哲学家看到自己的几个学生并不是很认真地听他讲课，而且学生们对自己将来要做什么也模糊不清，于是，哲学家打算给学生上一节特殊的课。

一天，哲学家带着自己的学生来到了一片荒芜的田地，田地里早已是杂草丛生。哲学家指着田里的杂草说："如果要除掉田里的杂草，最好的方法是什么呢？"学生们觉得很惊讶，难道这就是要上的最重要的一堂课吗？学生们还是纷纷提出了自己的意见。

一位学生想了想，对哲学家说："老师，我有个简便快捷的方法，用火来烧，这样很节省人力。"哲学家听了，点点头。另一个学生站起来说："老师，我们能够用几把镰刀将杂草清除掉。"哲学家也同样微笑地点点头。第三位学生说："这个很简单，去买点除草的药，喷上就可以了。"听完学生的意见，哲学家便对他们说道："好吧，就按照你们的方法去做吧。4个月后，我们再回到这个地方看看吧！"学生们于是将这块田地分成了3块，各自按照自己的方法去除草。用火烧的，虽然很快就将杂草烧了，可是过了一周，杂草又开始发芽了；用镰刀割的，花了4天的时间，累得腰酸背疼，终于将杂草清除一空，看上去很干净了，可是没过几天，又有新的杂草冒了出来；喷洒农药的，只是除掉了杂草裸露在地面上的部分，根本无法消灭杂草，几个学生失望地离开了。

4个月过去了，哲学家和学生们又来到了自己辛苦工作过的田地。学生们惊讶地发现，曾经杂草丛生的荒芜田地现在已经变成了一块长满水稻的庄稼地。学生们脸上露出了不解的神情。哲学家微笑着告诉他的学生：要除掉杂草，最好的办法就是在杂草地上种上有用的植物。学生们会心地笑了起来，这确实是一次不寻常的人生之课。

对付懒惰，辛勤的劳动才是克敌之道。确实，一心想拥有某种东西，却害怕或不敢或不愿意付出相应的劳动，这是懦夫的表现。无论多么美好的东西，人们只有付出相应的劳动和汗水，才能懂得这美好的东西是多么来之不易，因而愈加珍惜它，人们才能从这种拥有中享受到快乐和幸福，这是一条万古不变的原则。即使是一份悠闲，如果不是通过自己的努力而得来的，那么这份悠闲也并不甜美。不是用自己的劳动和汗水换来的东西，你没有为它付出代价，你就不配享用它。生活就是劳动，劳动就是生活，懒惰将会使人误入失败的深渊。懒惰会使人陷入毁败的境地，只有辛勤的劳动才能创造生活，给人们带来幸福和欢乐。

任何人只要劳动，就必然要耗费体力和精力，劳动也可能会使人们精疲力竭，但它绝对不会像懒惰一样使人精神空虚、精神沮丧、万念俱灰。马歇尔·霍尔博士认为："没有什么比无所事事、空虚无聊更为有害的了。"那些终日游手好闲、无所事事的人体会不到劳动的快乐，他们的思想是空虚的、生活是单调的，因为天底下最无聊的事情就是无所事事。

斯坦利·威廉勋爵曾说过："一个无所事事的懒惰的人，不管他多么和气、令人尊敬，不管他是一个多么好的人，不管他的名声如何响亮，他过去不可能、现在不可能、将来也不可能得到真正的幸福。生活就是劳动，劳动就是生活，而懒惰将会使人误入失败的深渊。"

拥有勤劳才能拥有财富

社会的财富是勤劳的人创造出来的，物质产品、精神产品概莫能外。早在 17 世纪，英国的经济学家威廉·配第就指出："土地是财富之母，劳动是财富之父。"财富是勤劳的人所拥有的，只要我们拥有勤劳，那么我们就拥有了财富。

在地中海的一个岛国里，农民们都致力于种植葡萄。有一个勤劳的农夫，他每天都勤勤恳恳地在葡萄园里劳动，他种出的葡萄酿的酒是最甜美的，他的葡萄园因此远近闻名。可是勤劳的农夫有一块心病，那就是他有4个不成器的孩子。他们非常懒惰，无论农夫怎么教育，总是不肯劳动。由于他们不愁吃喝，因此养成了好吃懒做的习惯。又因为兄弟人多，该干活的时候，他们总是相互推诿。终于，农夫老得干不动农活了。他病倒在床上，再也无法支撑起他的葡萄园了。眼看着他苦心经营的葡萄园就要这样一天天荒芜，农夫心里感到非常担忧。

农夫知道自己不久就要离开人世了，他一直在考虑一个问题：如何使儿子们明白劳动致富的道理呢？焦虑更是加重了他的病情。一天，农夫的一位好友来看望他，这位朋友给农夫出了一个好主意。第二天，农夫把4个儿子叫到床前，对他们说："我不久就要死了，我必须告诉你们一个秘密。在我们家的葡萄园里，我埋了几箱财宝，它就埋在……"话还没说完，农夫就咽气了。办完了父亲的丧事，4个儿子就开始到葡萄园里寻找父亲埋下的财宝。

由于农夫病倒多日，葡萄园已经杂草丛生了。为了寻找财宝，儿子们带着工具出发了。大儿子拿着铁锹，由园中心开始挖，杂草都除掉了，土翻得很深，地也翻松了，可是怎么也没找到他们要找的宝藏。二儿子牵着一头牛，套上犁，把整个园子从头到尾犁了一遍，结果同样一无所获。三儿子扛上锄头，在园的四角挖掘，挖得极深，结果把泉眼给打出来了，清澈的泉水滋润了整个葡萄园，那些即将干枯的葡萄藤又开始变绿。可是三儿子也没找到财宝，四儿子也出动了，他既用铁锄又用铁铲，但还是一无所获。4个儿子虽然没有挖到财宝，但把葡萄园里的土地翻得又松软又平整，加上三儿子打出的几个泉眼，园里的葡萄苗壮成长，比往年的收成还要好：葡萄成熟了，4个儿子把葡萄运到城里去卖，路上遇见了农夫的那位朋友——他看到满车的葡萄，感到特别欣慰，并告诉农夫的4个儿子说："其实，农夫并没有在园子里埋什么财宝，财宝来自勤劳的双手。"4个儿子终于明白了父亲的苦心。

只有辛勤劳动，才会有丰厚的回报。即使再优良的葡萄庄园，没有经过辛勤汗水的浇灌，终究也是会杂草丛生、一片荒芜。传说中的点石成金之术并不存在，而在劳动中获得财富才是最正确的途径。

美国著名作家杰克·伦敦在19岁以前，还从来没有进过中学。但他非常勤奋，通过不懈的努力，使自己成为一个文学巨匠。杰克·伦敦的童年生活充满了贫困与艰难，他整天在旧金山海湾附近游荡。说起学校，他不屑一顾。不过有一天，他漫不经心地走进一家公共图书馆内，读起名著《鲁滨孙漂流记》时，他看得如痴如醉，并受到了深深的震动。在看这本书时，饥肠辘辘的他竟然舍不得中途停下来回家吃饭。第二天，他又跑到图书馆去看别的书，另一个新的世界展现在他的面前——一个如同《天方夜谭》中巴格达一样奇异美妙的世界。从这以后，一种酷爱读书的情绪便不可抑制地左右了他。一天中，他读书的时间达到了10~15小时，从荷马到莎士比亚，从赫伯特斯宾基到马克思等人的所有著作，他都如饥似渴地读着。19岁时，他决定停止以前靠体力劳动吃饭的生涯，改成以脑力谋生。他厌倦了流浪的生活，他不愿再挨警察无情的拳头，他也不甘心让铁路的工头用灯按自己的脑袋。于是，就在他19岁时，他进入加利福尼亚州的奥克德中学。他不分昼夜地用功，从来就没有好好地睡过一觉。天道酬勤，他也因此有了显著的进步，只用了3个月的时间就把4年的课程读完，通过考试后，他进入了加州大学。他渴望成为一名伟大的作家。在这一雄心的驱使下，他一遍又一遍地读《金银岛》《基督山伯爵》《双城记》等书，之后就拼命地写作。他每天写5000字，也就是说，他可以用20天的时间完成一部长篇小说。他有时会一口气给编辑们寄出30篇小说，但它们统统被退了回来。但是他没有气馁，后来他写了一篇名为《海岸外的飓风》的小说，这篇小说获得了《旧金山呼声》杂志所举办的征文比赛头奖，但他只得到了20美元的稿费。5年后的1903年，他有6部长篇以及125篇短篇小说问世。他成了美国文学界最为知名的人物之一。

"成事在勤，谋事忌惰。"杰克·伦敦的经历一点都不让我们感到惊讶，一个人的成就和他的勤奋程度永远是成正比的。试想，如果杰克·伦敦不是那么勤奋，写作不是那样废寝忘食，他绝对不会取得日后的成就。

一个人要取得成功、得到财富，固然与个人的天赋、环境、机遇、学识等外部因素有很大关系，但更重要的是自身的勤奋与努力。勤奋的劳动是成功的必经之路，幸福生活的获得需要靠自己勤劳的双手去实现。勤劳是人们最宝贵的财富，是永不枯竭的财富之源。

耐心地做好每一次重复

"业精于勤荒于嬉"，技艺的精巧是通过不断反复勤奋地练习修来的。要做到勤奋确实非常不容易，因为反复地做同一件事情，对我们来说实在太枯燥了，但是我们应该要耐心地做好。只要努力地做好每一次重复，相信终会大有所成。

颜真卿非常喜爱书法艺术，他起初师从名家褚遂良学习书法艺术，为了博取众家之长，后来颜真卿又拜在张旭门下。张旭是一位极有个性的书法大家，因他常喝得大醉，就呼叫狂走，然后落笔成书，甚至以头发蘸墨书写，故又有"张颠"的雅称，是唐代首屈一指的大书法家，兼擅各体，尤其擅长草书，被誉为"草圣"。颜真卿希望在这位名师的指点下，很快能学到写字的窍门，从而在书法上能有所成就。

但拜师后的颜真卿，却没有参透半点老师张旭的书法秘诀，因为张旭只是给他介绍一些名家字帖，简单地指点一下各家字帖的特点后，就让颜真卿自己临摹。有的时候，就在旁边看着张旭泼墨。就这样几个月过去了，颜真卿依然没有得到张旭的书法秘诀，心里有些着急了，觉得老师张旭有点藏技之嫌，他决定直接向老师提出要求。一天，颜真卿壮着胆子，红着脸说："学生有一事相求，望请老师将书法秘诀倾囊相授。"张旭回答说："学习书法，一要'工学'，即勤学苦练；二要'领悟'，即从自然万象中接受启发。这些我不是多次告诉过你了吗？"颜真卿听了，认为这并不是他想听到的书法秘诀，于是又向前一步，施礼恳求道："老师说的'工学''领悟'，这些道理我都知道，我现在最需要的是行笔落墨的绝技秘方，望请老师赐教。"

张旭听了这些，知道他有些急躁了，便耐着性子开导颜真卿："我是见公主与担夫争路而察笔法之意，见公孙大娘舞剑而得落笔神韵，除了勤学苦练就是观察自然，别的没什么诀窍。"最后又严肃地说，"学习书法要说有什么'秘诀'的话，那就是勤学苦练。要知道，不下苦功的人，是不会有任何成就的。"老师的教诲，使颜真卿大受启发，他真正明白了为学之道。从此，他扎扎实实勤学苦练，潜心钻研，从生活中领悟运笔神韵，进步神速，终成为一位大书法家。颜真卿的字端庄正雅，被称为"颜体"，与柳公权的"柳体"并称于世，而"颜筋柳骨"也成为后世典范。

要想写好字，就必须反复不断地重复着"点、横、竖、撇、捺、钩……"的练习，从古至今的大书法家钟繇、王羲之、王献之、褚遂良、智永、怀素等，未尝不是如此。

钟会来到父亲的卧榻前，最后一次聆听父亲钟繇的教诲。垂垂老矣的钟繇交给他一部书法秘术，并且将自己刻苦练习的故事告诉钟会予以勉励：钟繇耗尽三十余年心血，一直致力于学习书法。他主要从蔡邕的书法技巧中掌握了写字要领。在练习的过程中，不分昼夜，不论场合，有空就写，有机会就练。与人坐在一起谈天，就在周围地上练习。晚上休息，则以被子做纸张，结果时间长了被子竟被划了个大窟窿。

这里有一则关于钟繇的有趣的小故事：钟繇在学习书法艺术时极为用功，有时甚至达到入迷的程度。据西晋虞喜《志林》一书记载，钟繇曾发现韦诞座位上有蔡邕的练笔秘诀，便求借阅，但因书太珍贵，虽经苦求，韦诞始终没有答应借给他。钟繇情急失态，捶胸顿足，弄得自身伤痕累累，如此大闹三日以致昏厥。幸得曹操及时命人救起，钟繇才大难不死。尽管如此，韦诞仍是铁石心肠，不为所动。钟繇无奈，只有望书兴叹。待韦诞死后，钟繇派人掘其墓而得其书，从此书法进步迅猛。

王羲之醉心练字，就连平常走路的时候，也随时用手指比画着练字，日子一久，衣服竟被划破。经过这样一番勤学苦练，王羲之的书法才得以精进，被后世称为"书圣"。

王献之师承父亲王羲之，造诣相当高深。从晋末至梁代的一个半世纪里，他的影响甚至超过了其父王羲之。王献之在书法上有如此成就，与他的勤奋练字是分不开的。据说王献之练字用掉了十八缸水。

褚遂良苦练书法，相传他因勤于书法，常到居室前面的池塘里清洗毛笔，久而久之，池塘里的水都染成了黑色。勤奋的褚遂良书法技艺精进，与欧阳询、虞世南、薛稷齐名为初唐四大书法家。

怀素的草书称为"狂草"，用笔圆劲有力，使转如环，奔放流畅，一气呵成，和张旭并称"张颠素狂"。怀素勤学苦练的精神也是十分惊人。因为买不起纸张，怀素就找来一块木板和圆盘，涂上白漆书写。后来，怀素觉得漆板光滑，不易着墨，就又在寺院附近的一块荒地，种植了一万多株芭蕉树。芭蕉长大后，他摘下芭蕉叶，铺在桌上，临帖挥毫。怀素这样没日没夜地练字，老芭蕉叶被摘光了，小叶又舍不得摘，于是想了个办法，干脆带了笔墨站在芭蕉树前，对着鲜叶书写，烈日不断、风雨无阻，从未间断。

王羲之的第七世孙智永和尚是严守家法的大书法家。他习字很刻苦，冯武《书法正传》说他住在吴兴永欣寺，几十年不下楼，临了八百多本《千字文》，给江东诸寺各送一本。智永还在屋内备了数支容量为一石多的大簏子，练字时，笔头写秃了，就取下丢进簏子里。日子久了，破笔头竟积了十大簏。后来，智永便在空地挖了一个深坑，把所有破笔头都埋在坑里，砌成坟冢，并称之为"退笔冢"。

这些大书法家无一不是经过勤学苦练、耐心完成一次又一次的重复才终有所成的。其他的技艺不同样要求如此吗？纪昌射箭、文王演周易、伯牙水禽操、达·芬奇画蛋等等，都是耐心完成一次次的重复才取得成功的。

有的人因为不断重复带来的枯燥而厌烦，有的人却因为稍微取得了一些成就就不再重复下去，甚至有的人一开始就自命不凡、等闲地对待这简单的重复。这样的人能取得大的成就？当然很难。因此务必静下心来，耐心对待每一次重复。

找准位置，不懈努力

我们经常听到有人在抱怨："学习枯燥极了！""工作总是重复，太无聊了。"其实不然，没有人因为平凡而注定平庸。平平凡凡的"李素丽"，是整个公共服务业的榜样，还有那些被称之为人类灵魂工程师的老师们……在这些平凡的岗位上有多少不平凡的业绩啊！所以，只要我们找准位置，每个人都是社会的英雄，都有生命的亮色，平凡的付出一样可以汇聚成江海。而这些平凡的人之所以做出了不凡的业绩，正是因为他们找准了属于自己的位置。

大千世界，芸芸众生，我们每一个人就像是棋盘上的一粒棋子，各有其位，各有其用。只有找准了自己的位置，我们才能得心应手、大展宏图，否则便很难有所成就。

2002 年，日本人田中耕一获得了诺贝尔化学奖。在此之前，田中耕一是岛津制作所的一名普通工程师，名不见经传。他的经历也非常平凡，而且既非教授亦非博士，连硕士学位也没有，只是毕业于东北大学工学部电气工学专业，与化学、生化等领域完全无关。

田中耕一大学毕业后进岛津制作所，以后的日子里，他怀着极大的热情埋头于实验室的研究工作，把自己的终身大事、荣誉和升迁统统置之度外。在没有获得诺贝尔奖之前，他的头衔也只是个主任，经济上也不是很富裕。甚至可以说，田中耕一几乎处于日本企业社会的最底层。

由于这种种的平凡，所以田中耕一在日本学术界基本无人知晓，以至于获得诺贝尔奖的消息传来时，日本学术界都措手不及。2001 年的诺贝尔化学奖获得者名古屋大学的野依，针对此事说："这说明只要自己努力，不在学术界活跃也能得到诺贝尔奖。"

有这样一句著名的话："世上好像只有沙最不值钱，然而，最宝贵的东西——金，就在沙的里面。"从经历和自身条件来看，田中耕一实在是一个名不见经传的小人物，在获奖之前，他一直在默默无闻地专心研究。由此可见，他的成功也并非是一蹴而就的，都是他找准自我，然后一步一个脚印，坚持不懈，潜心研究而得来的。

德国伟大的作家和诗人歌德说过："只要不失目标地坚持下

去，我们都能获得成功。"《浮士德》这部不朽的诗剧，是歌德用了60年之久完成的巨著。《浮士德》的第一部完成于1808年法军入侵的时候，第二部则完成于1831年8月31日，此时他已是83岁的高龄。伟大的无产阶级革命导师马克思用40年的时间去写《资本论》，阅读了数量惊人的书籍和刊物，做过笔记的也有1500种以上，到临终的时候，《资本论》还有两卷没有完成……

看古今中外，多少有建树的人，无不是找准了自己的位置，坚持不懈地努力，最终获得成功。

"横看成岭侧成峰，远近高低各不同。"岭和峰都有自己独具的美韵，每个人亦有自己的不同：身体条件、智力条件、家庭条件的差别，形成了大千世界个人位置的千差万别。只要着眼于现实，脚踏实地，找准自己的位置，默默奋斗，不懈努力，就能奏出属于自己的、动人心弦的最强音。

弯下腰是为了昂起头

卧薪尝胆、忍辱负重，自古便是成功者的重要素质。伤痛与屈辱不是要将人打倒，而是要将人磨炼成为英雄！

在生活中，有时我们以为出现了不能承受的"重"。这种"重"是我们真的不能承受的吗？还是我们不愿意承受"重"带来的伤痛？在意志薄弱、眼光短浅的人看来，也许这种"重"的确无法承受，但对意志坚定、胸怀大志的人而言，这种"重"往往是岁月的磨炼，他们将因此而成为他们想成为的人。

公元前496年，长江下游的吴国和越国因小怨而爆发了一场

战争。战争在今浙江嘉兴的冲积平原上进行。吴军是著有《三十六计》的孙子训练出来的精锐之师，而越军不仅人数少，且稚嫩年轻。但之前，越王勾践以范蠡为军师，神机妙算，曾使吴军大败，年老的吴王伤重而亡。后来，在吴国首辅大臣伍子胥的扶助下，夫差登上了王位，他发誓要消灭越国。

三年后，夫差率领雄兵攻伐越国。双方交战后，越败吴胜，吴国大军攻至越都会稽。而文种花重金买通了一位吴国大臣，让其与夫差极力周旋，终于使夫差动了怀仁之心，没有灭掉越国。然后，勾践率王后与范蠡入吴为奴。勾践为存性命以图东山再起，放弃了自己曾为君主，甚至作为男人的全部尊严，从而博得了夫差的怜悯和同情，不准伍子胥杀温顺如羔羊、木讷如农夫的勾践。

为奴三年后，夫差生病。勾践为夫差尝粪来寻找病源，此举彻底感化了夫差，从而释放了勾践。回到越国的勾践，搬进了一座破旧的宫室中居住。他睡在柴草上，每天醒来，第一件事就是先尝一口奇苦无比的苦胆！二十年雷打不动，天天如此。此间，文种不断出使吴国，进贡财宝。而范蠡的情人西施，因美艳绝伦于世，勾践也劝其忍痛割爱，献与夫差。西施入吴宫后，获得夫差的专宠，麻痹了夫差对越国的警惕。

20年后，即公元前473年，勾践秘藏于民间的3万雄兵，一举将姑苏城团团围困。虽然夫差有5万兵马，却因粮草难济而不敢出城一战。夫差竟想效仿二十年前勾践的求和，然而勾践却不会重蹈覆辙。最终，吴国的版图被悉数并入越国，夫差也在流放途中难忍羞辱而自杀。卧薪尝胆、忍辱负重的勾践终于取得了最后的胜利。

尝粪问疾、卧薪尝胆20年！勾践忍人所不能忍之辱，受人所不能受之苦！他创下了人类君王史的奇迹。他苦心励志，发愤强国，创下了以小打大、以弱胜强的人间神话。"卧薪尝胆"的典故被称为中国几千年文明史中经典中的经典，勾践的超人意志对我们而言有着重要的启示意义——它让我们懂得，即便我们一下被打倒，也不应立刻放弃，只要有足够的毅力与耐心，重新站起来的那一天终会来临，在其间所受的痛苦与伤害，到那时将统统成为人生的荣誉勋章。

淮阴侯韩信忍胯下之辱的故事也体现出了这一点。

当初，在韩信还是平民时，家中贫穷，常在熟人家里吃口闲饭，很多人都讨厌他。在淮阴的屠宰户里有位恶少，公然侮辱他道："韩信，你虽身佩宝剑，但看你的样子就知道你是个胆小鬼，如果你能不怕死，就用你的剑来刺杀我；如果怕死不敢刺，就从我的胯下钻过去！"于是，韩信想了想，便低下头趴在地上，从那恶少的胯下钻了过去。从此，满街的人都讥笑韩信，认为他是胆小鬼，但韩信从不辩解。

后来，韩信助刘邦奠定汉业，被封为淮阴侯。汉王五年正月，改封齐王韩信为楚王，都城在下邳。韩信到了自己的封国，对他部下的各位将领说："那个人当年那样侮辱我，当时我难道不能杀了他吗？但杀了他又能如何，会有今日的韩信么，所以当时忍下了这口气，才能有我今天这样的功业。"

所以，虽说钻裤裆是奇耻大辱，但韩信不得不钻。如果不钻，只有两个结果，一是他被那屠夫杀掉，从此没有了韩信；二是他把屠夫杀掉，他赢得了暂时的胜利，但从此也没有了韩信，因为他杀人了，杀人者偿命，他会被法律杀掉。其中任何一个结果，历史上都不会有韩信这个人。韩信之所以能作为成大业的形象在中国历史上千古流传，就因为他在忍辱负重时眼睛是看着未来的，心中有着远大的目标。

卧薪尝胆、忍辱负重需要修养与度量，这是一种境界。忍，乃是心头一把锋利的刀，要培养刀捅心头而不惊的气度，就要忍得了杀父之仇、夺妻之恨、胯下之辱、占攻之欺、争锋之伤……司马迁如果不能忍受宫刑之侮，怎么完成"究天人之际，通古今之变，成一家之言"的伟大著作《史记》而流芳千古，成为人人敬仰的史学家？

伍子胥能屈能伸，不像他哥哥伍尚甘愿成为父亲的陪葬品。他宁愿背上对国不忠、对父不孝的罪名，忍着父兄无故被害的耻辱和颠覆楚国的雄心逃亡他国。带着强烈的报仇之心，帮助他所辅佐的吴王阖闾征服了多个诸侯国，楚国当然也在其中。杀父杀兄之仇终于得以雪恨。为解心头之恨，他愤怒地鞭打了楚平王之尸。太史公叹曰："向令伍子胥从奢俱死，何异蝼蚁。弃小义，雪大耻。名垂于后世，悲夫！方子胥窘于江上，道乞食，志岂尝须臾忘郢邪？故隐忍就功名，非烈大夫孰能至此哉？"

所以说，伍子胥当年没有随父亲俱死，并非不孝，也并非苟且偷生，而是要创造一个弑君报父仇的神话。这才是真正的孝。因为当忠孝不能两全时，按常理我们当然要舍孝取忠；但如果我们所忠的君王并非是一个贤君呢，当然只能舍忠取孝了。

汉代张骞，怀着对汉武帝的感恩毅然出使西域，两次沦落匈奴，忍辱负重，却始终不忘肩头使命，最终开辟了丝绸之路，名垂青史。

不管在勾践身上，还是在韩信、伍子胥、司马迁、张骞身上，我们都能看到卧薪尝胆、忍辱负重的那种大丈夫的气概。以史为鉴，凡成功者必有"卧薪尝胆"之志，所以如果也想走上成功之路，那么对待我们生活中的困难与伤痛，我们不应采取同样的态度吗？

失败了可以再试一次

　　最成功的人，往往是那些勇于尝试、播撒种子最多的人。所以，失败了不要紧，再试一次，或许就会有转机。如果仔细观察，你就会发现：每棵苹果树上大概有 500 个苹果，每个苹果里平均有 10 颗种子。通过简单的乘法，我们得出这样的结论：一棵苹果树有大约 5000 颗种子。你也许会问，既然种子的数目如此可观，为什么苹果树的数量增加不是那么快呢？

　　原因很简单，并不是所有的种子都会生根发芽，它们中的大部分会因为种种原因而半路夭折。在生活中也是如此，我们要想获得成功、实现理想，就必须经历多次的尝试。这就是"种子法则"。

　　参加 20 次面试，你才有可能得到一份工作；组织 40 次面试，你才有可能找到一个满意的雇员；跟 50 个人逐个洽谈后，你才有可能卖掉一辆车、一台吸尘器或是一栋房子；交友过百，运气好的话，你才有可能找到一个知心好友。

　　所以，最成功的人，往往是那些勇于尝试、播撒种子最多的人。

　　一鸣惊人、一举成功的事，在这个世界上并不多见。更多的

第七章　心可以高飞，脚要植根于地上

成功在于人们坚定的信念和勤奋地工作。好的创意实现还要靠锲而不舍的努力尝试才能成功。所以，如果你遭遇失败，千万不要放弃，也许只要多试一次，事情就会大有改观。

葛林·康汉宁，曾经被烧成重伤，并且被医生宣告：他以后只能靠轮椅度日了。可是，他创造了奇迹，他竟然能够健步如飞，并且跑出了世界好成绩。为了实现站起来的愿望，他付出了巨大的努力。他一次又一次地试下去，实在令人感动。朋友们，我们应该向葛林·康汉宁学习。在困难面前，不要放弃，一定要咬紧牙关，坚持，坚持，再坚持。也许，就在一次次的坚持之下，我们的梦想变成了现实。无论如何，像葛林·康汉宁那样，再试一次吧！

在一场火灾中，一个小男孩儿被烧成重伤。医院全力以赴挽救了他的生命，但他的下半身却毫无行动能力，没有任何知觉。医生悄悄地告诉他的妈妈，孩子以后只能靠轮椅度日了。

出院以后，妈妈每天都推着他在院子里转一转。

有一天，天气十分晴朗，妈妈推着他到院子里呼吸新鲜空气，后来妈妈有事暂时离开了。天空是如此的美丽，蓝得好似水洗过一般。风儿轻柔地吹着，草地上盛开着各色的小花。男孩儿的心如同从沉睡中醒来，一股强烈的冲动自他的心底涌起：我一定要站起来！他奋力推开轮椅，然后拖着无力的双腿，用双肘在草地上匍匐前进。一步一步地，他终于爬到了篱笆墙边；接着，他用尽全身力气，努力抓住篱笆墙站了起来，并且试着扶住篱笆墙行走。未走几步，汗水从额头淌下。他停下来喘口气，咬紧牙关，又拖着双腿再走，一直走到篱笆墙的尽头。

每一天，他都要抓紧篱笆墙练习走路。可一天天地过去了，他的双腿始终无力地垂着，没有任何知觉。他不甘心困于轮椅的生活，紧握拳头告诉自己，未来的日子里，一定要靠自己的双腿来行走。终于，在一个清晨，当他再次拖着无力的双腿紧拉着篱笆墙行走时，一阵钻心的疼痛从下身传了过来。那一刻，他惊呆了——自从烧伤之后，他的下半身再也没有任何知觉。他怀疑是自己的错觉，又试着走了几步。没错，那种钻心的疼痛又一次清晰地传了过来。他的心狂喜地跳动着，在他不懈的努力下，他的下肢开始恢复知觉了。他一遍又一遍地走着，尽情地享受着别人避之唯恐不及的钻心般的痛楚。

自那以后，他的身体恢复得很快。先是能够慢慢地站起来，扶着篱笆墙走几步；渐渐地他便可以独立行走了。最后有一天，他竟然在院子里跑了起来。至此，他的生活与一般的男孩子再无两样。他读大学的时候，还被选进了田径队。当他健步如飞时，没有人知道他曾经是一个被医生宣告要终身与轮椅为伴的孩子。

他就是葛林·康汉宁，他曾经跑出过全世界最好的成绩。

很多事情都是这样，往往再试试，就会有意想不到的收获。令人感到遗憾和悲哀的是，面对一而再，再而三的失败，多数人选择了放弃，没有再给自己一次机会。

现在大家都知道电话是贝尔发明的。其实发明电话的大量工作是爱迪生等科学家完成的，贝尔所做的仅仅是将电话中的一个螺母转动了 1/4 周。为此他们打了一场著名的官司，法院最后将电话的发明权判给了贝尔。法官说：虽然爱迪生等科学家做了大量工作，但他们认为电话不能实际应用，而最终放弃了　可贝尔没有放弃，他将螺母转动了 1/4 周，改变了电流幅度，让电话有了实际用途，所以电话的发明权应属于贝尔。爱迪生等科学家的失败距离成功有多远呢？仅仅只是将一个螺母转 1/4 周。

如果想要，那就要等得起

人生可以失去很多东西，却绝不能失去希望。只要心存希望，总有奇迹发生，希望虽然渺茫，但它永存人间。

美国作家欧·亨利在他的小说《最后一片叶子》里讲了个故事：病房里，一个生命垂危的病人从房间里看见窗外的一棵树，在秋风中树叶一片片地掉落下来。病人望着眼前的萧萧落叶，身体也随之每况愈下，一天不如一天。她说："当树叶全部掉光时，我也就要死了。"一位老画家得知后，用彩笔画了一片叶脉青翠的树叶挂在树枝上，最后一片叶子始终没掉下来。

只因为生命中的这片绿，病人竟奇迹般地活了下来。

人生可以失去很多东西，却绝不能失去希望。只要心存希望，总有奇迹发生，希望虽然渺茫，但它永存人间。

所以，当你遇到困境的时候，你一定要相信你自己，给自己希望，这样才能柳暗花明，走出困境。

前途比现实重要，希望比现在重要。任何时候，都不应该放弃希望，因为它是创造成功、创造未来的"点金石"。

人生不能没有希望，所以无论我们身陷怎样的逆境，我们都不应该绝望。失望时萌生希望，能驱散心中的浓雾，拥抱一片湛蓝的晴空。让我们带着希望生活，活出一个最好的自己。

只要把希望种在心里，即使一粒最普通的种子，也能长出奇迹！

培植出白色的金盏花非常困难，让专家都望而却步，而一位不懂遗传学的老人却取得了成功。这是为什么呢？且往下看完这个故事。

当年，美国一家报纸曾刊登了一则园艺所重金悬赏征求纯白金盏花的启事，一时引起轰动，高额的奖金让许多人趋之若鹜。但是，在千姿百态的自然界中，金盏花除了金色的就是棕色的，要培植出白色的，不是一件容易的事。所以许多人一阵热血沸腾之后，就把那则启事抛到了九霄云外。

时间一晃就是 20 年。20 年后很平常的一天，当年那家曾刊登启事的园艺所意外地收到了一封热情的应征信和 100 粒"纯白金盏花"的种子。当天，这件事就不胫而走，引起轩然大波。原来寄种子的是一位年已古稀的老人，对信中言之凿凿能开出纯白金盏花的种子，园艺所一直举棋不定，该不该验证一时成了争论的焦点。有人说，绝不应该辜负了一位老人的心意。那些种子终于得以落土生根，奇迹是在一年之后才出现的，一大片纯白色的金盏花在微风中摇曳生姿。

一直默默无闻的老人因此成了新的焦点。原来，老人是一个地地道道的爱花人。20 年前，她偶然看到那则启事，怦然心动。她的决定却遭到她 8 个儿女的一致反对。毕竟，一个压根儿就不懂种子遗传学的人很难完成专家都不能完成的事，她的想法岂不是痴人说梦！但她痴心不改，义无反顾地干了下去。她撒下了一些最普通的种子，精心侍弄。一年之后，金盏花开了。她从那些金色的、棕色的花中挑选了一朵颜色最淡的，任其自然枯萎，以取得最好的种子。次年，她又把它们种下去。然后，再从许多花中挑选出颜色更淡的花的种子栽种……日复一日，年复一年，春种秋收，周而复始，老人的丈夫去世了，儿女远走了，生活中发生了很多的事，但唯有种出白色金盏花的愿望在她的心中牢牢地扎下了根。终于，在20年后的一天，她在园中看到一朵金盏花，是如银如雪的白。一个连专家都解决不了的问题，在一个不懂遗传学的老人手中迎刃而解，这不是奇迹吗？

漫漫人生，难免会遇到荆棘和坎坷，但风雨过后，一定会有美丽的彩虹。所以，任何时候你都要抱着乐观的心态，都不要丧失希望。要知道，失败不是生活的全部，挫折只是人生的插曲。虽然机遇总是飘忽不定，但只要你坚持，保持乐观，你就能永远拥有希望。即使一生不如意，但有希望相伴也是幸福。

低谷的短暂停留，为的是向更高攀登

随着最后一棒雷扎克触壁，美国队在北京奥运会游泳男子4×100米混合泳接力比赛中夺冠了，并打破了世界纪录！泳池旁的菲尔普斯激动得跳起来，和队友们紧紧拥抱在一起。这也是菲尔普斯本人在北京奥运会上夺得的第8枚金牌，可谓是前无古人。菲尔普斯已经彻底超越了施皮茨，成为奥运会的新王者。

如果说一个人的一生就像一条曲线，那么，北京奥运会上的菲尔普斯无疑达到了人生的一个新高峰；如果说一个人的一生就像四季轮回，那么，北京奥运会上的菲尔普斯必定是处在灿烂热烈、光芒四射的夏季。在 2008 年北京的水立方，菲尔普斯创造了令人大为惊叹的八金神话，无比荣耀地登上了他人生的巅峰。

而 2009 年 2 月初，当北半球大部分国家还被冬天的低温笼罩时，从美国传出了一条让菲迷们更觉冰冷的消息，菲尔普斯吸食大麻！菲迷们伤心了，媒体哗然了，菲尔普斯竟以"大麻门"的方式再次让人们瞠目结舌。

北京奥运会后，菲尔普斯完全放弃了训练，流连于各个俱乐部、夜店，继而沉醉于赌城拉斯维加斯豪赌，私生活可谓糜烂。他也不再严格控制饮食，导致体重增加了至少 6 公斤。《纽约时报》说，"这是有史以来最胖的菲尔普斯，他更像是明星，而不是运动员"。

尽管"大麻门"曝光后，菲尔普斯痛心疾首，向公众真诚致歉并表示会痛改前非，很多热爱飞鱼的菲迷们都采取了宽容的态度，美国泳协也仅对菲尔普斯禁赛三个月。但事情既然发生，就不得不引发人们深深的思考。

相比于风光无限的 2008 年夏季，2008 年年底到 2009 年年初，菲尔普斯似乎在走下坡路，他人生也似乎走进了寒冷的冬季。喜欢他的人们帮他解脱，比如年少无知、交友不慎，比如生活单调、压力过大。其实和菲尔普斯相比，现实生活中很多人的生活轨迹又何尝不是如此呢，春风得意，自我膨胀，然后屡犯错误，最后跌入人生的低谷。无论是主观原因还是客观因素，成功的背后总会有失败的影子，得意过后总会伴着失意，有顺境就有逆境，有春天也会有冬季，这似乎是人生无可置疑的辩证法。

人生就像四季，有着寒暑之分，也会有冷暖交替的变化。情场失意、工作不得志、与家人无法沟通、在同事中不被认同、亲人病危……当我们面临人生的"冬季"时，不可避免地会陷入情绪的低潮，并经常在低潮与清醒中来回摇摆。其实，当一个人处于人生中的"冬季"时，正是好好反省、重新认识自己的时候，因为在所谓清醒的时刻，往往并非是真正的清醒。不管是刻意压抑或是在潜意识中，都会在有意或无心的时候，否定了内心种种孤寂、空虚的感受，也压抑了由恐惧所引起的各种负面情绪。

当然，一般人也想过办法来解决这样的问题，有人尝试各种各样的方法，只是到了最后，还是不忘提醒自己这样的话："书上写的、朋友说的我都懂，不过，懂是一回事，能不能做又是另外一回事！"就这样，不是畏惧改变，就是不耐于等待，而错失了反省自己的机会！

人在顺境时得意是非常自然的事情，但是能在低谷中苦中寻乐，或是让心情归于平静去认识平常疏于了解的自己，能帮助自己成长。

生活中的"冬季"就像开车遇到红灯一样，短暂的停留是为了让你放松，甚至可以看看是否走错了方向。人生是长途旅行，如果没有这种短暂的休息，也就无法精力充沛地继续未完的旅程。生命有高潮也有低谷，低谷的短暂停留是为了整顿自我，向更高峰攀登。

第八章

抓铁要有痕，掷地要有声

人生有多残酷，你就该有多坚强

成就平平的人往往是善于发现困难的"天才"，他们善于在每一项任务中都看到困难。他们莫名其妙地担心前进路上的困难，这使他们勇气尽失。他们对于困难似乎有惊人的"预见"能力。一旦开始行动，他们就开始寻找困难，时时刻刻等待着困难的出现。当然，最终他们发现了困难，并且被困难击败。这些人似乎戴着一副有色眼镜，除了困难，他们什么也看不见。他们前进的路上总是充满了"如果""但是""或者"和"不能"：这些东西足以使他们止步不前。

一个向困难屈服的人必定会一事无成，很多人不明白这一点：一个人的成就与他战胜困难的能力成正比。他战胜越多别人所不能战胜的困难，他取得的成就也就越大。如果你足够强大，那么困难和障碍会显得微不足道；如果你很弱小，那么障碍和困难就显得难以克服。有的人虽然知道自己要追求什么，却畏惧成功道路上的困难。他们常常把一个小小的困难想象得比登天还难，一味地悲观叹息，直到失去了克服困难的机会。那些因为一点点困难就止步不前的人，与没有任何志向、抱负的庸人无异，他们终将一事无成。

成就大业的人，面对困难时从不犹豫徘徊，从不怀疑自己克服困难的能力，他们总是能紧紧抓住自己的目标。对他们来说，自己的目标是伟大而令人兴奋的，他们会向着自己的目标坚持不懈地攀登，而暂时的困难对他们来说则微不足道。伟人只关心一个问题："这件事情可以完成吗？"而不管他将遇到多少困难。

只要事情是可能的，所有的困难就都可以克服。

我们随处可见自己给自己制造障碍的人。在每一个学校或公司董事会中或多或少的都有这样的人。他们总是善于夸大困难，小题大做。如果一切事情都依靠这种人，结果就会一事无成。如果听从这些人的建议，那么一切造福这个世界的伟大创造和成就都不会存在。

一个会取得成功的人也会看到困难，却从不惧怕困难，因为他相信自己能战胜这些困难，他相信一往无前的勇气能扫除这些障碍。有了决心和信心，这些困难又能算得了什么呢？对拿破仑来说，阿尔卑斯山算不了什么。并非阿尔卑斯山不可怕，冬天的阿尔卑斯山几乎是不可翻越的，但拿破仑觉得自己比阿尔卑斯山更强大。

虽然在法国将军们的眼里，翻越阿尔卑斯山太困难了，但是他们那伟大领袖的目光却早已越过了阿尔卑斯山上的终年积雪，看到了山那边碧绿的平原。

乐观地面对困难，多一些快乐，少一些烦恼，你会惊奇地发现，这不仅会使你的工作充满乐趣，还会让你获得幸福。你会发现，自己成了一个更优秀、更完美的人。你用充满阳光的心灵轻松地去面对困难，就能保持自己心灵的和谐。而有的人却因为这些困难而痛苦，失去了心灵的和谐。

你怎样看待周围的事物完全取决于你自己的态度。每一个人的心中都有乐观向上的力量，它使你在黑暗中看到光明，在痛苦中看到快乐。每一个人都有一个水晶镜片，可以把昏暗的光线变成七色彩虹。

　　夏洛特·吉尔曼在他的《一块绊脚石》中描述了一个登山的行者，突然发现一块巨大的石头摆在他的面前，挡住了他的去路。他悲观失望，祈求这块巨石赶快离开，但它一动不动。他愤怒了，大声咒骂，他跪下祈求它让路，它仍旧纹丝不动。行者无助地坐在这块石头前，突然间他鼓起了勇气，最终解决了困难。用他自己的话说："我摘下帽子，拿起我的手杖，卸下我沉重的负担，我径直向着那可恶的石头冲过去，不经意间，我就翻了过去，好像它根本不存在一样。如果我们下定决心，直面困难，而不是畏缩不前，那么，大部分的困难就根本不算什么困难。"

心量有多大，成就就有多大

　　从前有座山，山里有座庙，庙里有个年轻的小和尚，他过得很不快乐，整天为了一些鸡毛蒜皮的小事唉声叹气。后来，他对师父说："师父啊！我总是烦恼，爱生气，请您开示开示我吧！"

　　老和尚说："你先去集市买一袋盐。"

　　小和尚买回来后，老和尚吩咐道："你抓一把盐放入一杯水中，待盐溶化后，喝上一口。"小和尚喝完后，老和尚问："味道如何？"

　　小和尚皱着眉头答道："又咸又苦。"

　　然后，老和尚又带着小和尚来到湖边，吩咐道："你把剩下的盐撒进湖里，再尝尝湖水。"弟子撒完盐，弯腰捧起湖水尝了尝，老和尚问道："什么味道？"

"纯净甜美。"小和尚答道。

"尝到咸味了吗？"老和尚又问。

"没有。"小和尚答道。

老和尚点了点头，微笑着对小和尚说道："生命中的痛苦就像盐的咸味，我们所能感受和体验的程度，取决于我们将它放在多大的容器里。"小和尚若有所悟。

老和尚所说的容器，其实就是我们的心量，它的"容量"决定了痛苦的浓淡，心量越大烦恼越轻，心量越小烦恼越重。心量小的人，容不得，忍不得，受不得，装不下大格局。有成就的人，往往也是心量宽广的人，看那些"心包太虚，量周沙界"的古圣大德，都为人类留下了丰富而宝贵的物质财富和精神财富。

其实，我们每个人一生中总会遇到许多盐粒似的痛苦，它们在苍白的心境下泛着清冷的白光，如果你的容器有限，就和不快乐的小和尚一样，只能尝到又咸又苦的盐水。

一个人的心量有多大，他的成就就有多大，不为一己之利去争、去斗、去夺，扫除报复之心和嫉妒之念，则心胸广阔天地宽。当你能把虚空宇宙都包容在心中时，你的心量自然就能如同天空一样广大。无论荣辱悲喜、成败冷暖，只要心量放大，自然能做到风雨不惊。

寒山曾问拾得："世间有人谤我、欺我、辱我、笑我、轻我、贱我、骗我，如何处之？"拾得答道："只要忍他、让他、避他、由他、耐他、敬他、不理他，再过几年，你且看他。"如果说生命中的痛苦是无法自控的，那么我们唯有拓宽自己的心量，才能获得人生的愉悦。通过内心的调整去适应、去承受必须经历的苦难，从苦涩中体味心量是否足够宽广，从忍耐中感悟暗夜中的成长。

心量是一个可开合的容器，当我们只顾自己的私欲，它就会愈缩愈小；当我们能站在别人的立场上考虑，它又会渐渐舒展开来。若事事斤斤计较，便把自心局限在一个很小的框框里。这种处世心态，既轻薄了自身的能力，又轻薄了自己的品格。

心量是大还是小，在于自己愿不愿意敞开。一念之差，心的格局便不一样，它可以大如宇宙，也可以小如微尘。我们的心，要和海一样，任何大江小溪都要容纳；要和云一样，任何天涯海角都愿遨游；要和山一样，任何飞禽走兽，都不排拒；要和土地一样，任何脚印车轨，都能承担。这样，我们才不会因一些小事而心绪不宁、烦躁苦闷！

把心打开吧，用更宽阔的心量来经营未来，你将拥有一个别样的人生！

吹尽黄沙始见金

粪便是脏臭的，如果你把它一直储在粪池里，它就会一直臭下去。但是一旦它遇到土地，情况就不一样了。它和深厚的土地结合，就成了有益的肥料。

有一个人，做过农民，做过木匠，干过泥瓦工，收过破烂，卖过煤球，在感情上受到过欺骗，还打过一场 3 年之久的麻烦官司：他独自闯荡在一个又一个城市里，做着各种各样的活儿，居无定所，四处飘荡，经济上也没有任何保障。看起来仍然像一个农民，但是他与乡村里的农民不同的是，他虽然也日出而作，但是不日落而息——他热爱文学，写下了许多诗歌——每每读到他的诗歌，都让人觉得感动，同时惊奇。

"你这么复杂的经历怎么会写出这么柔情的作品呢？"他的朋友曾经问他，"有时候我读你的作品总有一种感觉，觉得只有初恋的人才能写得出。"

"那你认为我该写出什么样的作品呢？"他笑。

"起码应该比这些作品沉重和黯淡些。"

他笑了，说："我是在农村长大的，农村家家都储粪。小时候，每当碰到别人往地里送粪时，我都会掩鼻而过。那时我觉得很奇怪，这么臭这么脏的东西，怎么就能使庄稼长得更壮实呢？后来，经历了这么多事，我发现自己并没有学坏，也没有堕落，就完全明白了粪和庄稼的关系。"

朋友一时没有理解。

他继续说："粪便是脏臭的，如果你把它一直储在粪池里，它就会一直臭下去。但是一旦它遇到土地，情况就不一样了。它和深厚的土地结合，就成了有益的肥料。对于一个人，苦难也就好比粪便。如果把苦难与你精神世界里最广阔的那片土地相结合，它就会成为一种宝贵的营养，让你在苦难中体会到特别的甘甜和美好。"

这个智慧的人，他是对的。土地转化了粪便的性质，他的心灵转化了苦难的意义。在这转化中，每一道沟坎都成了他唇间的沏酒，每一道沟坎都成了他诗句的花瓣。他让苦难芬芳，他让苦难醉透。能够这样生活的人，多么让人钦羡。

吹尽黄沙始见金。生活中，我们要坦然面对苦难，默默地承

第八章　抓铁要有痕，掷地要有声

209

受苦难，从苦难的积淀中捞出勇气、智慧、韧性，捞出成功的结晶和幸福的喜悦。

只有经过苦难的磨炼，生命的火花才会闪光发亮；只有在苦难中奋进，生命的花朵才会灿烂芬芳。可是在今天这个讲究包装的社会里，我们却常禁不住艳羡别人光鲜华丽的外表、显赫的名声、傲人的财富，而对自己的欠缺耿耿于怀。

尽己所能去改善生活

在我们这个世界上，许许多多的人都认为公平合理是生活中应有的现象。我们经常听人说："这不公平！""因为我没有那样做，你也没有权利那样做。"我们整天要求公平合理，每当发现公平不存在时，心里便不高兴。应当说，要求公平并不是错误的心理，但是，如果不能获得公平，就产生一种消极的情绪，这个问题就要注意了。

实际上绝对的公平并不存在，你要寻找绝对公平，就如同寻找神话传说中的宝物一样，是永远也找不到的。这个世界不是根据公平的原则而创造的，譬如，鸟吃虫子，对虫子来说是不公平的；蜘蛛吃苍蝇，对苍蝇来说是不公平的；豹吃狼、狼吃獾、獾吃鼠、鼠又吃……只要看看大自然就可以明白，这个世界并没有公平。飓风、海啸、地震等都是不公平的，公平只是神话中的概念。人们每天都过着不公平的生活，快乐或不快乐，是与公平无关的。

这并不是人类的悲哀，只是一种真实情况。

生活不总是公平的，这着实让人不愉快，但确是我们不得不接受的真实处境。我们许多人所犯的一个错误便是为了自己或他人感到遗憾，认为生活应该是公平的，或者终有一天会公平。其实不然，绝对的公平现在不会有，将来也不会有。

　　承认生活中充满着不公平这一事实的一个好处便是能激励我们去尽己所能，而不再自我伤感。我们知道让每件事情完美并不是"生活的使命"，而是我们自己对生活的挑战，承认这一事实也会让我们不再为他人遗憾。

　　每个人在成长、面对现实、做种种决定的过程中都会遇到不同的难题，每个人都有成为牺牲品或遭到不公正对待的时候，承认生活并不总是公平这一事实，并不意味着我们不必尽己所能去改善生活，去改变整个世界；恰恰相反，它正表明我们应该这样做。

　　当我们没有意识到或不承认生活并不公平时，我们往往怜悯他人也怜悯自己，而怜悯自然是一种于事无补的失败主义的情绪，它只能令人感觉比现在更糟。但当我们真正意识到生活并不公平时，我们会对他人也对自己怀有同情，而同情是一种由衷的情感，所到之处都会散发出充满爱意的仁慈。当你发现自己在思考世界上的种种不公正时，可要提醒自己这一基本的事实。你或许会惊奇地发现它会将你从自我怜悯中拉出来，使你采取一些具有积极意义的行动。

　　公平公正能够向往，但不能依赖和强求，不要把堕落的责任推诸他人，更不能自欺欺人！许多不公平的经历我们是无法逃避的，也是无从选择的，我们只能接受已经存在的事实并进行自我调整，抗拒不但能毁了自己的生活，而且还会使自己精神崩溃。

因此，人在无法改变不公和不幸时，只有学会接受它、适应它，才能把人生航向掉转过来，驶往自己真正的理想目的地。

不要过分苛求完美

"金无足赤，人无完人。"即使是全世界最出色的足球选手，10次传球，也有4次失误；最棒的股票投资专家，也有马失前蹄的时候。我们每个人都不是完人，都有可能存在这样或那样的过失，谁能保证自己的一生不犯错误呢？也许只是程度不同罢了。如果你不断追求完美，对自己做错或没有达到完美标准的事深深自责，那么一辈子都会背着罪恶感生活。

过分苛求完美的人常常伴随着莫大的焦虑、沮丧和压抑。事情刚开始，他们就担心失败，生怕干得不够漂亮而不安，这就妨碍了他们全力以赴地去取得成功。而一旦遭遇失败，他们就会异常灰心，想尽快从失败的境遇中逃离。他们没有从失败中获取任何教训，而只是想方设法让自己避免尴尬的场面。

很显然，背负着如此沉重的精神包袱，不用说在事业上谋求成功，在自尊心、家庭问题、人际关系等方面，也不可能取得满意的效果。他们抱着一种不正确和不合逻辑的态度对待生活和工作，他们永远无法让自己感到满足。

日本有一名僧人叫奕堂，他曾在香积寺风外和尚处担任典座一职（即负责斋堂）。有一天，寺里有法事，由于情况特殊必须提早进食。乱了手脚的奕堂匆匆忙忙地把白萝卜、胡萝卜、青菜随便洗一洗，切成大块就放到锅里去煮。他没有想到青菜里居然有条小蛇，就把煮好的菜盛到碗里直接端出来给客人吃。

客人一点儿也没发觉。当法事结束，客人回去后，风外把奕堂叫去，风外用筷子把碗中的东西挑起来问他：

"这是什么？"奕堂仔细一看，原来是蛇头。他心想这下完了，不过还是若无其事地回答："那是个胡萝卜的蒂头。"奕堂说完就把蛇头拿过来，咕噜一声吞下去了。风外对此佩服不已。

智者即是如此，犯了错误，他不会一味地自责、内疚或寻找借口，而是采取适度的方式正确地对待。

张爱玲在她的小说《红玫瑰与白玫瑰》中写了男主角佟振保的爱恋，同时也一针见血地道破了男人的心理以及完美之梦的破灭：白玫瑰有如圣洁的恋人，红玫瑰则是热烈的情人。娶了白玫瑰，久而久之，变成了胸口的一粒白米饭，而红玫瑰则有如胸口的朱砂痣；娶了红玫瑰，年复一年，则变成蚊帐上的一抹蚊子血，而白玫瑰则仿佛是床前明月光。

事实上，世界上根本就没有真正的"最大、最美"，人们要学会不对自己、他人苛求完美，对自己宽容一些，否则会浪费掉许许多多的时间和精力，最终只能在光阴蹉跎中悔恨。

世界并不完美，人生当有不足。对于每个人来讲，不完美的生活是客观存在的，无须怨天尤人。不要再继续偏执了，给自己的心留一条退路，不要因为不完美而恨自己，不要因为自己的一时之错而埋怨自己。看看身边的朋友，他们没有一个是十全十美的。

完美往往只会成为人生的负担，人绷紧了完美的弦，它却可能发不出优美的声音来。那些爱自己、宽容自己的人，才是生活的智者。

第八章　抓铁要有痕，掷地要有声

拯救自己出泥潭的只能是自己

在现实中，我们难免要遭遇挫折与不公正待遇，每当这时，有些人往往会产生不满，不满通常会引起牢骚，希望以此引起更多人的同情，吸引别人的注意力。从心理角度讲，这是一种正常的心理自卫行为。但这种自卫行为同时也是许多人心中的痛，牢骚、抱怨会削弱责任心，降低工作积极性，这几乎是所有人为之担心的问题。

通往成功的征途不可能一帆风顺，遭遇困难是常有的事。事业的低谷、种种的不如意让你仿佛置身于荒无人烟的沙漠，没有食物也没有水。这种漫长的、连绵不断的挫折往往比那些虽巨大但却可以速战速决的困难更难战胜。在面对这些挫折时，许多人不是积极地去找一种方法化险为夷，绝处逢生，而是一味地急躁，抱怨命运的不公平，抱怨生活给予他的太少，抱怨时运的不佳。

奎尔是一家汽车修理厂的修理工，从进厂的第一天起，他就开始喋喋不休地抱怨，"修理这活太脏了，瞧瞧我身上弄的""真累呀，我简直讨厌死这份工作了"……每天，奎尔都在抱怨和不满的情绪中度过。他认为自己在受煎熬，就像奴隶一样卖苦力。因此，奎尔每时每刻都窥视着师傅的眼神与行动，稍有空隙，他便偷懒耍滑，应付手中的工作。

转眼几年过去了，当时与奎尔一同进厂的三个工友，各自凭着精湛的手艺，或另谋高就，或被公司送进大学进修，独有奎尔，仍旧在抱怨声中做他讨厌的修理工。

提及抱怨与责任，有位企业领导者一针见血地指出："抱怨是失败的一个借口，是逃避责任的理由。这样的人没有胸怀，很难担当大任。"仔细观察任何一个管理健全的机构，你会发现，没有人会因为喋喋不休的抱怨而获得奖励和提升。这是再自然不过的事了。想象一下，船上水手如果总不停地抱怨：这艘船怎么这么破，船上的环境太差了，食物简直难以下咽，以及有一个多么愚蠢的船长。这时，你认为，这名水手的责任心会有多大？对工作会尽职尽责吗？假如你是船长，你是否敢让他做重要的工作？

如果你受雇于某个公司，发誓对工作竭尽全力、主动负责吧！只要你依然还是整体中的一员，就不要谴责它，不要伤害它，否则你只会诋毁你的公司，同时也断送了自己的前程。如果你对公司、对工作有满腹的牢骚无从宣泄时，做个选择吧。一是选择离开，到公司的门外去宣泄，当你选择留在这里的时候，就应该做到在其位谋其政，全身心地投入公司的工作上来，为更好地完成工作而努力。记住，这是你的责任。

一个人的发展往往会受到很多因素的影响，这些因素有很多是自己无法把握的，工作不被认同、才能不被重用、职业发展受挫、上司待人不公平、别人总用有色眼镜看自己……这时，能够拯救自己出泥潭的只有自己，与其抱怨不如去改变。

比尔·盖茨曾告诫初入社会的年轻人：社会是不公平的，这种不公平遍布于个人发展的每一个阶段。在这一现实面前任何急躁、抱怨都没有益处，只有坦然地接受这一现实并努力去寻求改变的方法，才能扭转这种不公平，使自己的事业有进一步发展的可能。

要感谢折磨自己的人

一个成功的人，一个有眼光和思想的人，都会感谢折磨自己的人和事，唯有以这种态度面对人生，才能走向成功。

人生活在这个世界上，总会经历这样那样的烦心事，这些事总是会折磨人的心，使人不得安稳。尤其对于刚刚大学毕业的年轻人，他们刚在社会中立足，还未完全成长起来，却要承受社会的种种压力，比如待业、失恋、职场压力等。而且还没有摆脱学生气的他们本身就是一个脆弱的群体，往往在这些折磨面前束手无策。

其实，世间的事就是这样，如果你改变不了世界，那就要改变你自己。换一种眼光去看世界，你会发现所有的"折磨"其实都是促进你成长的"清新氧气"。

人们往往把外界的折磨看作人生中消极的、应该完全否定的东西。当然，外界的折磨不同于主动的冒险，冒险可以带来一种挑战的快感，而我们忍受折磨总是迫不得已的。但是，人生中的折磨总是完全消极的吗？清代金兰生在《格言联璧》中写道："经一番挫折，长一番见识；容一番横逆，增一番气度。"由此可见，那些挫折和折磨对人生不但不是消极的，还是一种促进你成长的积极因素。

生命是一次次的蜕变过程。唯有经历各种各样的折磨，才能增加生命的厚度。只有通过一次又一次与各种折磨握手，历经反反复复几个回合的较量之后，人生的阅历就在这个过程中日积月累、不断丰富。

在人生的岔道口，若我们选择了一条平坦的大道，我们可能会有一个舒适而享乐的青春，但我们会失去很好的历练机会；若我们选择了坎坷的小路，我们的青春也许会充满痛苦，但人生的真谛也许因此被我们发现了。

蝴蝶的幼虫是在茧中度过的，当它的生命要发生质的飞跃时，狭小通道对它来讲无疑成了鬼门关，那娇嫩的身躯必须竭尽全力才可以破茧而出，许多幼虫在往外冲的时候力竭身亡。

有人怀了悲悯恻隐之心，企图将那幼虫的生命通道修得宽阔一些，他们用剪刀把茧的洞口剪大。但是，这样一来，所有受到帮助而见到天日的蝴蝶无论如何也飞不起来，只能拖着丧失了飞翔功能的双翅在地上笨拙地爬行！原来，那"鬼门关"般的狭小茧洞恰是帮助蝴蝶幼虫两翼成长的关键所在，穿越的时候，通过用力挤压，血液才能被顺利输送到蝶翼的组织中去；唯有两翼充血，蝴蝶才能振翅飞翔。人为地将茧洞剪大，蝴蝶的翼翅就没有充血的机会，爬出来的蝴蝶便永远与飞翔绝缘。

一个人的成长过程恰似蝴蝶的破茧过程，在痛苦的挣扎中，意志得到磨炼，力量得到加强，心智得到提高，生命在痛苦中得到升华。当你从痛苦中走出来时，就会发现，你已经拥有了飞翔的力量。如果没有挫折，也许就会像那些受到"帮助"的蝴蝶一样，萎缩了双翼，平庸一生。

失败和挫折，其实并不可怕，正是它们才教会我们如何寻找到经验与教训。如果一路都是坦途，那我们也只能沦为平庸。

没有经历过风霜雨雪的花朵，无论如何也结不出丰硕的果实，或许我们习惯羡慕他人所获得的成功，但是别忘了，温室的花朵注定经不起风霜的考验。正所谓"台上十分钟，台下十年功"，在光荣的背后一定会有汗水与泪水共同浇铸的艰辛。

第八章　抓铁要有痕，掷地要有声

所以，一个成功的人，一个有眼光和思想的人，都会感谢折磨自己的人和事，唯有以这种态度面对人生，才能走向成功。

学会忘记曾经的那些不愉快

为了采集眼前将逝的花朵而花费太多的时间和精力是不值得的，道路还长，前面还有更多的花朵，吸引我们一路走下去……

我们生活在现在，面向着未来，过去的一切，都被时间之水冲得一去不复返。所以，我们没有必要念念不忘曾经的那些不愉快、那些与别人的仇怨。念念不忘，只能被它腐蚀，而变得更加憎恨和怨怼。

文学大师鲁迅笔下的祥林嫂，心爱的儿子被狼叼走后，痛苦得心如刀剜，她逢人就诉说自己儿子的不幸。起初，人们对她还寄予同情。但她一而再再而三地讲，周围的人们就开始厌烦，她自己也更加痛苦，以致麻木了。老是向别人反复讲述自己的痛苦，就会使自己久久不能忘记这些痛苦，更长久地受到痛苦的折磨。

当然，我们不是主张完全不去看它，采取逃避的态度。而是说，一方面，情感不要长久地停留在痛苦的事情上；另一方面，我们的理智应当多在挫折和坎坷上寻找突破口，力争克服它、解决它。

学会忘记可以使我们真正放下心中的烦恼和不平衡的情绪。让我们在失意之余，有机会喘一口气，恢复体力。

哲人康德是一位懂得忘怀之道的人，当有一天发现他最信赖又依靠的仆人兰佩，一直有计划地偷盗他的财物时，便把他辞退了。但康德又十分怀念他。于是，他在日记上写下悲伤的一行："记住！要忘掉兰佩！"

真正说来，一个人并不那么容易忘掉伤心的往事。不过，当它浮现时，我们必须懂得不陷于悲伤的情绪，必须提防自己再度陷入愤恨、恐惧和无助的哀愁里。这时，最好的方法就是扭转念头去专心工作，计划未来，或者去运动、旅行。有一首禅诗说：

春有百花秋有月，夏有凉风冬有雪。

若无闲事挂心头，便是人间好时节。

一个人如果学习了忘怀之道，不愉快便自然消失，代之而起的是朝气伤口痊愈的良药。

一位风烛残年的老人在日记簿上记下了这段生命的领悟：

如果我可以从头活一次，我要尝试更多的错误。我不会总朝后看，而不看未来的路。我情愿多休息，随遇而安，处世糊涂一点，不对已经发生的事难过或者伤悲。其实人生那么短暂，实在不值得花时间不停地缅怀过去。

可以的话，我会朝未来的道路前行，去自己没去过的地方，多旅行，跋山涉水，危险的地方也不怕去一去。以前我经常因为已经发生的些许小事情而懊恼，比如因为丢了东西而深深责备自己，一遍一遍假设要是把东西事先交给××就好了，然后很长时间都在为丢失的东西心疼。此刻我是多么后悔。过去的日子，我实在活得太小心，每一分每一秒都不容有失。稍微有了过失就埋怨和批评自己，还用同样的标准去对待别人，一遍一遍唠叨别人不对的地方。

如果一切可以重新开始，我不会过分在意宠辱得失，我也不会花很长的时间来诅咒那些伤害过我的人们。诅咒或者伤悲都不能改变事实，还消磨了我生命中不多的时间。我会用心享受每一分、每一秒。如果可以重来，我只想美好的事情，用这个身体好好地感受世界的美丽与和谐。还有，我会去游乐园多玩几圈木马，多看几次日出，和公园里的小朋友玩耍。

如果人生可以从头开始……但我知道，不可能了。

人生没有很多如果，人的生命和时间总是有限的，当你看完老人的日记以后也许就能明白为什么很多老人总是会有一副安详的表情，不急不躁，不过喜也不大悲，因为他们懂得时间的宝贵，把珍贵的时间用来感伤过去，那是在浪费生命。忘记过去，生命应该有更好的价值可以实现。

自强才是转运的根本力量

德国伟大诗人歌德在《浮士德》中说："始终坚持不懈的人，最终必然能够成功。"人生的较量就是意志与智慧的较量，轻言放弃的人注定不是成功的人。

约翰尼·卡许早就有一个梦想——当一名歌手。参军后，他买了自己有生以来的第一把吉他。他开始自学弹吉他，并练习唱歌，他甚至创作了一些歌曲。服役期满后，他开始努力工作以实现当一名歌手的夙愿，可他没能马上成功。没人请他唱歌，就连电台唱片音乐书目广播员的职位他也没能得到。他只得靠挨家挨户推销各种生活用品维持生计，不过他还是坚持练唱。他组织了一个小型的歌唱小组在各个教堂、小镇上巡回演出，为歌迷们演唱。最后，他灌制的一张唱片奠定了他音乐工作的基础。他吸引了两万名以上的歌迷，金钱、荣誉、在全国电视屏幕上露面——所有这一切都属于他了。他对自己深信不疑，这使他获得了成功。

接着，卡许经受了第二次考验。经过几年的巡回演出。他被那些狂热的歌迷拖垮了，晚上须服安眠药才能入睡，而且要吃些"兴奋剂"来维持第二天的精神状态。他沾染上了一些恶习——酗酒、服用催眠镇静药和刺激兴奋性药物。他的恶习日渐严重，以致对自己失去了控制能力。他不是出现在舞台上，而是更多地出现在监狱里。到了1967年，他每天须吃一百多片药。

一天早晨，当他从佐治亚州的一所监狱刑满出狱时，一位行政司法长官对他说："约翰尼·卡许，我今天要把你的钱和麻醉药都还给你，因为你比别人更明白你能充分自由地选择自己想干的事。看，这就是你的钱和药片，你现在就把这些药片扔掉吧，否则，你就去麻醉自己，毁灭自己。你选择吧！"

卡许选择了生活。他又一次对自己的能力做了肯定，深信自己能再次成功。他回到纳什维利，并找到他的私人医生。医生不太相信他，认为他很难改掉服麻醉药的坏毛病，医生告诉他："戒毒瘾比找上帝还难。"他并没有被医生的话吓倒，他知道"上帝"就在他心中，他决心"找到上帝"，尽管这在别人看来几乎不可能。他开始了他的第二次奋斗，他把自己锁在卧室闭门不出，一心一意要根绝毒瘾，为此他忍受了巨大的痛苦，经常做噩梦。后来在回忆这段往事时，他说，他总是觉得昏昏沉沉，好像身体里有许多玻璃球在膨胀，突然一声爆响，只觉得全身布满了玻璃碎片。当时摆在他面前的，一边是麻醉药的引诱，另一边是他奋斗目标的召唤，结果后者占了上风。九个星期以后，他恢复到原来的样子了，睡觉不再做噩梦。他努力实现自己的计划，几个月后，他重返舞台，再次引吭高歌。他不停息地奋斗，终于再一次成为超级歌星。

卡许的成功来源于什么？很简单，坚持。

一个人身处困境之中，不自强永远也不会有出头之日，仅仅一时的自强而不能长期坚持，也不会走上成功之路。因此，坚持不懈地自强，才是扭转命运的根本力量。

绝境中也会有生机

我们知道，事情的发展往往具有两面性，犹如每一枚硬币总有正反面一样，失败的背后可能是成功，危机的背后也有转机。

1974年第一次石油危机引发经济衰退时，世界运输业普遍不景气，但当时美国的特德·阿里森家族却收购了一艘邮轮，成立嘉年华邮轮公司，后来这家公司成为世界上最大的超级豪华邮轮公司；世界最大的钢铁集团米塔尔公司，在20世纪90年代末世界钢铁行业不景气的时候，进行了首次大规模兼并，然后迅速扩张起来。所以说，危机中有商机，挑战中有机遇，艰难的经济发展阶段对企业来说是充满机会的，对企业如此，对个人、对民族、对国家也是如此。

2008年经济危机爆发后，美国很多商业机构和场所顿时萧条了，但酒吧的生意却悄悄地红火起来。原来，精明的酒商们发现美国人开始越来越喜欢喝战前禁酒令时期以及大萧条时期的酒品，比如由白兰地、橘味酒和柠檬汁调制成的赛德卡鸡尾酒。酒商们迅速嗅出了新商机，推出了一款改进的老牌鸡尾酒。美国一个酒业资深人士指出，人们在困难时期，往往会从熟悉的东西那里寻求安慰，老式鸡尾酒自然而然会走俏。改进后推出的这种酒品，不仅让酒商们大赚了一笔，而且还能使疲于应对经济危机的美国人民得到慰藉。

"危中有机，化危为机。"一些中外专家认为，如果危机处置得当，金融风暴也有可能成为个人、企业或国家迅速发展的机遇。所以，冬天里会有绿意，绝境里也会有生机。

危机之下，谁都不希望面临绝境，但绝境意外来临时，我们挡也挡不住，与其怨天尤人，还不如奋力一搏，说不定，还会创造一个奇迹。

有人说过这样一句话："瀑布之所以能在绝处创造奇观，是因为它有绝处求生的勇气和智慧。"其实我们每个人都像瀑布一样，在平静的溪谷中流淌时，波澜不惊，看不出蕴含着多大的力量：往往当我们身处绝境时，才能将这种力量开发出来。

下面是一个在绝境里求生存的真实故事：

第二次世界大战期间，有位苏联士兵驾驶一辆苏制重型坦克，非常勇猛，一马当先地冲入了德军的心腹重地。这一下虽然把敌军打得抱头鼠窜，但他自己渐渐脱离了大部队。就在这时，突然轰隆隆一声，他的坦克陷入了德军阵地中的一条防坦克深沟之中，顿时熄了火，动弹不得。这时，德军纷纷围了上来，大喊着："俄国佬，投降吧！"刚刚还在战场上咆哮的重型坦克，一下子变成了敌人的瓮中之物。苏联士兵宁死也不肯投降，但是现实一点也不容乐观，他正处于束手待毙的绝境中。突然，苏军的

坦克里传出了"砰砰砰"的几声枪响，接着就是死一般的沉寂。看来苏联士兵在坦克中自杀了。德军很高兴，就去弄了辆坦克来拉苏军的坦克，想把它拖回自己的堡垒。可是德军这辆坦克吨位太轻，拉不动苏军的庞然大物，于是德军又弄了一辆坦克来拉。两辆德军坦克拉着苏军坦克出了壕沟。突然，苏军的坦克发动起来，它没被德军坦克拉走，反而拉走了德军的坦克。德军惊惶失措，纷纷开枪射向苏军坦克，但子弹打在钢板上，只打出一个个浅浅的坑洼，奈何它不得。那两辆被拖走的德军坦克，因为目标近在咫尺，无法发挥火力，只好像驯服的羔羊，乖乖地被拖到苏军阵地。

原来，苏联士兵并没有自杀，而是在那种绝境中被逼得想出了一个绝妙的办法。他以静制动，后发制人，让德军坦克将他的坦克拖出深沟，然后凭着自身强劲的马力，反而俘虏了两辆德军坦克。

其实，每个人皆是如此，虽然我们的生活并不会时时面临枪林弹雨，但总有身处绝境的时候，每当此时，我们往往会产生爆发力，而正是这种爆发力将我们的力量激发出来了。

所以，面临绝境的时候，不要灰心，不要气馁，更不要坐以待毙，勇往直前，无所畏惧，你我都可以"杀出一条血路"。

逆境对强者是一种激励

人在顺境中，是不能修行成佛的，人只能在逆境中修行。

世间人常说的一句话是：逆境出人才。人们最出色的工作往往是在处于逆境的情况下做出的。逆境是对人生的一种考验，是对人的生活的一种磨炼。

一个人生活在世上，不可能永远走平坦的路。人生最根本的问题就是苦，"苦"有生、老、病、死苦，再加上怨憎会苦、爱离别苦、求不得苦，能看透人生最根本的问题是苦，其他还有什么比它再苦的呢？

佛曰："逆境是增上缘。"佛陀还告诉我们："十方三世一切佛皆以苦为良师。"没有苦不可能成道。如果一个人要想更坚强，应该接受逆境的磨炼；顺境不一定就好，逆境也不一定不好。

在顺境中修行，永远不能成佛。在我们现在生活的世界，因为有苦，所以人会努力、思考、精进，才会思变，才会改变，才会领悟。这就叫因苦成佛。

释迦牟尼佛在无量劫以前已经成佛了。可是他老人家慈悲心太重，为了教化没有恒远心、没有坚强心、没有诚恳心的众生，在雪山苦修六年，示现成佛。

生活中挫折是在所难免的，重要的不是绝对避免挫折，而是要在挫折面前采取积极进取的态度。勇敢面对艰险，不怕挫折，这是一种积极心态，更是人生必修课。

743 年，唐朝的鉴真和尚第一次东渡，正准备从扬州扬帆出海时，不料被人诬告与海盗串通，东渡未能实现。同年年底，鉴真和同船 856 人第二次东渡。刚一出海，就遇到了狂风恶浪，船只被击破，船上水没腰，这次东渡又告失败。

鉴真修好船后，到了浙江沿海，又遇到狂风恶浪，船只触礁沉没，人虽上岸，但水米皆无，他们忍饥挨饿好几天，才被搭救出来，第三次东渡又遇挫折。第四次东渡因人阻拦，也未成功。

遭受挫折最为惨重的是第五次东渡。748年，鉴真一行345人又从扬州乘船东渡，船入深海不久，就遇上特大台风，船只受风吹浪涌漂到浙江舟山群岛附近。停泊三个星期后，鉴真再度入海，不料又误入海流——这时，风急浪高，水黑如墨，船只犹如一片竹叶，忽而被抛上小山高的浪尖，忽而陷入几丈深的波谷。

这样漂了七八天，船上的淡水用完了，每天只靠嚼点干粮充饥。口渴难忍时就喝点海水，这样苦熬了半个多月，最后漂到了海南岛最南端的崖县，才侥幸上了岸。他们跋涉千里，历尽千辛万苦才回到了扬州。在路上几经磨难，63岁的鉴真身染重病，以致双目失明。即使是在这样的情况之下，鉴真东渡日本的决心丝毫未动，仍为第六次的东渡做准备，后来终于获得了成功。

逆境，对弱者是一种打击，对强者却是一种激励。逆境之所以出人才，是因为人能够正视生活中的种种困难，有迎难而上的精神，有坚持不懈的意志。逆境是块磨刀石，它能磨砺出奋发向上的意志和百折不挠的精神，逆境是所学校，人能在这里学到丰富的人生知识。

所以，人要乐于迎接人生中的每一个逆境，这才是真正的修行之道。在实现自我追求、幸福的过程中会遇到各种逆境，我们要能够"千里云海漫漫路，虔心不移志如磐"。很多人刚开始满怀信心地踏上人生大道，但是只要一遇逢逆境就很自然地向后转，情况好点的就留在原地踏步，只有极少数的人能突破瓶颈过关斩将，他们才是真正的英雄好汉。

第九章

能忍受痛苦，就能改变未来

磨难就是财富

再怎么成功的人，也会有不顺心的时候，也会有徒劳无功的时候，也会经历磨难的侵扰，但这些人不会太在意这些逆境的信息，而是将其视为不完美的结果，坚持着忍耐下去，并且坦然面对，累积这些"结果"，达到最后的成功。

李嘉诚的亚洲首富不是凭空杜撰的，比尔·盖茨的几百亿美元更不是美国的海风吹来的。他们都经过了生活的历练，都经过了不如意的侵扰。在漫长的忍耐中，厚积薄发，最后一鸣惊人。

比尔·盖茨刚刚离开哈佛与保罗·艾伦一起经营微软之初，处处不如意。因为公司很小，BASIC 的发明并未引起轰动，当时的 IBM 与苹果公司甚至不屑与可怜的微软合作。这些不如意都没能让比尔·盖茨困惑，他在忍耐中不断探求。终于，在 win95 推出后，比尔·盖茨让世界上的人认识了自己！

商业本身就充满了各种不确定因素，因此磨难必不可少，综观千古成功的商人，忍耐几乎是必不可少的手段，经历过痛苦的磨炼，财运会随之而来。如果只是挣硬气、好面子，不懂得忍耐之道，不知晓伸缩之理，那么，你会一无所获。

事理相通，商场的忍耐推而广之，就是成功之道。磨难并不可怕，关键看你能否忍耐，有一颗"隐忍"的心，那么，成功唾手可得。

为什么拿破仑能够突破重重阻力而叱咤风云？为什么海伦·凯勒在双目失明的情况下，心中依然有光明之梦？一个共同之处就是他们都经历过一个又一个的磨难，并且在磨难的打击中迅速成长起来。也正因为如此，伟人们镇定自若，"泰山崩于前而色不变，猛虎趋于后而心不惊。"

"宝剑锋从磨砺出，梅花香自苦寒来。"磨难就是财富，受宫刑之辱的司马迁痛定思痛，写出了千古名篇："盖文王拘而演《周易》；仲尼厄而作《春秋》；屈原放逐，乃赋《离骚》；左丘失明，厥有《国语》；孙子膑脚，《兵法》修列；不韦迁蜀，世传《吕览》；韩非囚秦，《说难》《孤愤》。《诗》三百篇，大抵贤圣发愤之所为作也。此人皆意有所郁结，不得通其道，故述往事，思来者。"

安逸舒适的环境容易消磨人的意志，最后导致人一无所成。接受命运的挑战是我们磨炼自己、施展抱负、实现梦想的最佳方法。

任何一个成大事者必须具备忍耐挫折，忍耐成功前的艰辛的能力，更要具备忍耐不如意的时时侵扰。假如你想赚钱、想创业、想成名，一定要先掂量掂量自己：面对从肉体到精神上的全面折磨，你有没有那样一种宠辱不惊的"定力"与"忍耐力"。因为，创业要比一般人承受更多的困难、挫折乃至痛苦和孤独。无论遇到什么事情，哪怕是违背自己本意的事情，都得控制自己的情绪，不得有过激的言行；否则，你很有可能会前功尽弃。

人生不可能一帆风顺，机会也不会总顺风而来，蕴藏在逆境中的机会有时更加巨大，足以改变人的一生，所以，对于逆境也应该抱着一种忍耐的态度。磨难虽苦，但却可以化为人生的财富。

第九章　能忍受痛苦，就能改变未来

在忍耐中让心灵得到磨砺

　　人生如果是一场表演的话，那么只有让她更具张力，你的表演才更具内涵。因为有了张力，水珠会变得晶莹剔透、饱满圆润；有了张力，人生就会不鸣则已，一鸣惊人。

　　生命是一张上帝签发的支票，就看你怎样去用。如果你善于忍耐，敢于用暂时的屈服，来处理不利的境遇，那么，你的人生就会更具张力，那么你的这张支票也就实现了价值的最大化。

　　台湾著名作家柏杨曾经是一个"火暴浪子"，他尖锐、激进：1979年，他被捕入狱，5年以后才被放出来。5年的牢狱生活彻底地改变了他。他成为"谦谦君子"，变得理性、温和。就连周围的人都感到惊奇："现在的柏杨很有同情心，也知道替别人留余地，不像从前，总是那么火辣辣的。"

　　其实，柏杨不是没有过怨恨、绝望，他后来回忆他的狱中生活时说：他也曾经怨过、恨过。那段日子他经常睡不着觉，半夜醒来时发现自己竟然恨得咬牙切齿，就这样大约持续了一年。后来，他意识到不能这样继续下去，否则，他不是闷死，就是被自己折磨死。

　　想明白后，他坦然地面对一切，开始大量阅读历史书籍，光是《资治通鉴》前后就读了三遍。这些书籍给了他宝贵的精神食粮，他从这些书籍中领悟到：历史是一条长河，个人只不过是非常渺小的一滴水。他明白了一个道理：生命的本质原本就是苦多于乐，每个人都在成功、失败、欢乐、忧伤中反反复复，只要心中常保持爱心、美感与理想，挫折反而是使人向上的动力，使人的生命更具张力。

当柏杨忍耐下来后，他发现心境变得平和，思路也越来越开阔，后来，他在牢中完成了三部史学巨著。

英雄等待出头之日，必须要忍耐。在无尽的忍耐中，让心灵得到磨砺，让生命更有张力。生命是否有张力，完全取决于你自己。上帝用心良苦，让你通过另一种方式来获取幸福人生，你要有悟性，放下悲痛，坦然面对，幸福就在那顿悟的瞬间开始。

人的一生不可能一帆风顺，遇到挫折和困难是难免的。当你人生走到了"山"的顶峰，必然会走下坡路，但如果你能做到坦然面对、心态放平稳，在忍耐中让自己变得更加坚强，让生命更具张力，那么你就有可能会在难言的忍耐之后，获得爆发的机会。

不忘初心，方得始终

"生当作人杰，死亦为鬼雄。至今思项羽，不肯过江东。"这是著名的女词人李清照赞颂西楚霸王项羽的一首诗，诗中虽然充满了豪情，但却难免给人英雄气短的感觉。试想一下，如果当年项羽能够忍受一时的屈辱，过得江东之后重整人马，那么历史便很有可能被改写。

而他的对手刘邦，则将一个"忍"字发挥到了极致。刘邦为了将来的前程似锦，忍住浮华诱惑，锋芒暂隐，静待转机。这也

许正是他最终胜出项羽的原因。咸阳城内王室发生的剧变，已经明显影响到了秦军的士气，恰逢刘邦招降，众士兵正中下怀，项羽这边听说刘邦西征军已经接近武关的消息，也颇为着急。章邯投降后，项羽不再有任何阻碍，率军火速攻向关中盆地的东边大门——函谷关。

十月，刘邦军团进至灞上。咸阳城已完全没有了防卫的能力，秦王子婴主动投降，秦王朝正式灭亡。刘邦大军历尽千辛万苦终于进入咸阳，此时刘邦对日后称霸天下有了莫大的野心和信心。

同时，面对扑面而来的荣华富贵，喜好享乐的他，竟然一时忘乎所以，自然忍不住心动。想起年少时的狂言："大丈夫当如是也。"一切都这样不可思议的唾手可得。刘邦本是无赖，进入咸阳城内，面对扑面而来的荣华富贵，一时有些忘乎所以。但在张良等人的劝说下，为了长远的未来，刘邦忍下了享受的心。

一个"忍"字的功夫怎生了得，它成全了刘邦，是刘邦成就霸业不可多得的秘密武器。而项羽，在民心方面，项羽明显不如刘邦。项羽嗜杀成性，不管对方是否投降，一律斩杀。他曾在一夜之间，设计歼害了20万秦国降军。项羽因为此事而在秦国人民心中臭名昭著。

项羽残杀秦国兵士，刘邦却与秦地父老约法三章，谁是谁非，天下人自然明白。刘邦轻易便为自己赢得了百姓的信任，项羽虽然勇猛，但是做一国之君的话，尚嫌粗莽。在这一节上，刘邦的功夫显然比项羽的功夫要到家。但是刘邦并非一忍再忍，还军灞上之后，仍对咸阳城念念不忘，从而犯下了一个致命的错误。

随后，刘邦在"鸿门宴"中更是将"忍"刻在了心头。这一场心理战，决定了最后的结局。刘邦在得知项羽要进攻的时候，镇定地用谎言骗住了项羽，使得项羽留给了刘邦一条生路。而项羽始终是轻敌的，尤其忽视了刘邦这个手下部将。他认为以刘邦的兵力，绝对不是他的对手。但是刘邦不跟他斗勇，刘邦喜欢斗智。

这就注定了项羽的悲剧命运。就勇猛来说，项羽力拔山兮气盖世；就智慧来说，项羽也不乏胆识与聪明；就实力来说，项羽是一代霸王，有过众望所归的气势。然而就是一个不能忍，破坏了全部的计划，影响了最终的结局，可见，忍字的力量无穷无尽。

小不忍则乱大谋，忍人一时之疑，一定之辱，一方面是脱离被动的局面，同时也是一种对意志、毅力的磨炼，另一方面，为日后的发愤图强和励精图治奠定了一定的基础。而不能忍者，则要品尝自己急躁播下的苦果。

委屈才能求全

很多时候，暂时的败、一时的退、短期的弱对事业和人生来说都不一定是坏事。相反，它会为你的下一次进步积蓄冲击力。为人处世要有退步的气魄，要学会退，以退为进。要学会委曲求全，始终相信纵然有一时的不如意，也终将成为过去。

委曲求全一词蕴含着古人的智慧，只有委屈一时，才能让怒火消除，让人冷静处事，那么做错事的概率也就会降到最低。

明朝安肃有个叫赵豫的人。宣德和正统时期，他曾经任松江知府。在任期间，赵豫对老百姓问寒问暖，关怀备至，深得松江老百姓的爱戴。

赵豫有一个非常奇特的处理日常事务的方法，他的下属称之为"明日办"。每次他见到来打官司的，如果不是很急很急的事，他总是慢条斯理地说："各位消消气，明日再来吧。"起先，大家对他的这套工作方法不以为然，认为这实在是一个懒惰拖拉的知府，甚至还暗地里编了一句"松江知府明日来"的顺口溜来讽刺他，都叫他"明日来"。

赵豫性格稳重，为人宽厚，听到这个绰号，总是淡淡地笑笑，从不责备叫他绰号的人。因为他的态度和蔼，对下属从没有声色俱厉过，所以，那些下属有什么话都敢于跟这位知府老爷说。

一天，一个下属问他："大人，您为什么要这样做？这样做太伤害您的名誉了。"赵豫于是解释了"明日再来"的好处："有很多的人来官府打官司，是乘着一时的愤激情绪，而经过冷静思考后，或者别人对他们加以劝解之后，气也就消了。气消而官司平息，这就少了很多的恩恩怨怨。"

赵豫此招甚妙，虽然给自己戴上了"懒惰拖拉"的帽子，但是人们的情绪却能够冷却下来，官司因此而平息，百姓因此而和睦，由此我们可以说："委屈可以求全。"退后一步，对事情进行"冷处理"，有助于缓和情绪，让问题得到更好的解决。赵豫的"明日再来"这种处理一般官司的做法，是合乎人的心理规律的。经过一天的冷却，当事人都不很急躁，才能理智地对待所发生的一切。这种"冷处理"包含为人处世的高度智慧，把他用在生活中，会避免不必要的争执。

正如跳高、跳远，要退到后面很远的地方，起跳时才会有更强的冲击力。生活也是如此，退后一步，就是为了更好地前进。一时的委屈是为了永久的安然。忍一时的不冷静，对人对己都有好处。当不愉快的事情发生后，退一步想，就会海阔天空。在实际生活中，不管你多么有能耐，多么无情，总是有人比你更有能耐，更加无情。拼个鱼死网破，倒不如后退几步，另求他路。

古往今来，安身处世者大有人在，曲径通幽，卧薪尝胆，委曲求全，最终成大业者都经历过退步，才能干出轰轰烈烈的壮举。退后一步，即使一时处于低势，但在心灵上获得了某种轻松、潇洒的感觉，在精神上，做好了向前冲的准备。

理智地对待各种事情

处世经典《增广贤文》上说："酒是穿肠的毒药，色是刮骨的钢刀，气是下山的猛虎，怒是惹祸的根苗。"愤怒就像决堤的洪水那样淹没人的理智，让人做出不可思议的蠢事，甚至招来杀身之祸。

张飞脾气暴躁，常常因为一点小事而大动肝火。当他得知关羽败走麦城而丧命时，旦夕号泣，血泪衣襟，愤恨不已，发誓定

要血刃仇人。

张飞下令军中，限三日内置办白旗白甲，三军挂孝伐吴。次日，两员末将范疆和张达告诉张飞："白旗白甲，一时无可措置，须宽限时日。"

张飞大怒，喝道："我急着想报仇，恨不得明日便到逆贼之境，你们怎么敢违抗我的命令！"说罢，便让武士把二人绑在树上，每人在背上用鞭抽了五十下。

打完之后，张飞余怒未消，用手指着两人说："明天一定要全部完备！若违了期限，就杀你们两人示众！"

被打得满口吐血的两人到帐中商议，范疆说："今日受了刑责，倒也无所谓，可我们怎能在短短一天内将装备筹措齐备？张飞性暴如火，如果明天置办不齐，你我皆有杀身之祸。"

张达说："张飞爱酒，每日必饮。如果我们两个不应当死，那么他就醉在床上；如果应当死，那么他就不醉好了。"当下商议停当。当天晚上，张飞又哭又骂，喝得烂醉如泥，卧在帐中，鼾声如雷。范、张二人探知消息，心中大喜。初更时分，两人各怀利刃潜入帐中，摸到张飞床前，突见张飞双目圆睁，躺在床上。两人大惊，刚欲逃走，又听得张飞打起了鼾，但眼睛仍然睁着。原来张飞睡觉时眼睛是睁开的。

两人不再犹豫，斩下张飞的首级，骑快马星夜逃奔东吴去了。

西方有句经典谚语："上帝要想让他灭亡，必先使他疯狂！"愤怒就像决堤的洪水那样淹没人的理智，让人做出不可思议的蠢事。"忍"字头上一把刀，忍耐会有痛苦；"忍"字下面一颗心，忍耐会受煎熬；忍耐就好似手刃自己的心，需要时间等待伤口慢慢愈合；忍得头上乌云散，拨开云雾见阳光。

　　某大公司老板巡视仓库，发现一个工人正坐在地上看连环画。老板最恨工人在工作时间偷懒，于是怒不可遏地问："你一个月挣多少钱？"

　　"1000元。"工人回答。老板立刻掏出1000元给他，并大叫："拿了钱给我滚！"事后，老板责问后勤主管："那工人是谁介绍来的？"主管说："那人不是公司员工啊，而是其他公司派来送货的。"

　　当然，这只不过是一个笑话，但也从一个侧面反映了人在愤怒状态下失去理智的情形。不分青红皂白，一时的冲动很有可能会断送自己的大好前程，造成严重的后果。据统计，怒火给人类造成的损失比全世界烧掉的煤炭还要多出成百上千倍。

　　哲学家康德说："生气，是用别人的错误惩罚自己。"的确，冲动就有这样的魔力，让人身不由己，敢做平时不敢做的事情，愿做平时不愿意做的事情，就好像失去理智的罪犯那样走上极端，亲手毁掉自身的幸福。

　　所以，每个人都不要轻易地冲动，学会忍耐，要把魔鬼赶得无影无踪，用平常、平淡的心理，理智地对待各种事情。

第九章　能忍受痛苦，就能改变未来

忍下来就是向前一步

小不忍则乱大谋，小不忍难成大器，这是中华民族五千年来的浓缩智慧，是华夏子孙生生不息的古老传承。能承受者，不计较一城一池的得失，更不逞一时的口舌之快；笑到最后，才是笑得最好，能成功者，首先要能够付出，其次是能够承受，最重要的，是能够忍耐。武则天是历史上唯一的一位女皇，对于她的评判，历来毁誉参半，作为一名杰出的政治家，她固然有其奸诈、阴狠的一面，但是她的大气、豪迈，也令后来者为之赞叹。

徐敬业在扬州造反时，骆宾王起草了讨武檄文，曰："昔充太宗下陈，曾以更衣入侍，泊乎晚节，秽乱春宫，潜隐先帝之私，阴图后庭之嬖……践元后于翚翟，陷吾君于聚麀。加以虺蜴为心，豺狼成性，近狎邪僻，残害忠良。杀姊屠兄，弑君鸩母。人神之所同嫉，天地之所不容……试看今日之域中，竟是谁家之天下！"

如此的谩骂攻击，连那些读檄文的大臣也为之色变，但是武则天却非常欣赏为文者的文采，竟询问檄文的作者是何人。当她知道是骆宾王时，叹道："如此天才使之沦为叛逆，宰相的过错呀。"没有如此的慨然大气，恐怕武则天无论有多少雄才伟略、阴谋诡计，也无法打破"女子不得干政"的天规铁律，将大唐江山牢牢握在手心。

不与侮辱自己的敌人计较，并不是说要让自己毫无原则，而是要忘却侮辱带来的烦恼，化敌为友，展现自己的素养。

哲学家康德曾说："生气，是拿别人的错误惩罚自己。"人与人的差别，有时在于如何对待受气，在于能不能承受"气"。

在非洲的草原上，有一种吸血蝙蝠。它的身体极小，但却是野马的天敌。这种动物专靠吸动物的血生存，它在攻击野马时，就附在马腿上，用锋利的牙齿刺破野马的腿，然后用尖尖的嘴吸血。无论野马怎么发疯地蹦跳、狂奔都无法驱赶掉这种蝙蝠。而蝙蝠却可以从容地吸附在野马身上或是落在野马的头上，直到吸饱吸足后，才心满意足地飞去。而野马常常在暴怒、狂奔、流血中无可奈何地死去。

动物学家们在分析这一问题时，一致认为吸血蝙蝠所吸的血量微不足道，远不至于会让野马死去，野马的死是由于它本身暴怒的习性和狂奔所致。

不能忍者必然被焦虑、愤怒、抑郁等不良情绪困扰着，导致情绪失控，其实最后受伤害的是自己。对于理智的人而言，学会忍耐是必不可少的人生功课。俄国文学家屠格涅夫在"开口之前，先把舌头在嘴里转个圈"，即动怒之前先不讲话，以缓和不良情绪。当需求受阻或遭受挫折时，可以用满足另一种需求的方式来减弱自己的挫败感，以发挥自身的优势，激发自信心。

要善于借助别人的力量

没有一个人可以不依靠别人而独立生活，这本是一个需要互相扶持的社会，先主动伸出友谊的手，你会发现原来四周有这么

多的朋友。在生命的道路上我们更需要和其他的人互相扶持，一起共同成长。

一个小男孩在他的玩具沙箱里玩耍。沙箱里有他的一些玩具小汽车、敞篷货车、塑料水桶和一把亮闪闪的塑料铲子。在松软的沙堆上修筑公路和隧道时，他在沙箱的中部发现一块巨大的岩石。

小家伙开始挖掘岩石周围的沙子，企图把它从泥沙中弄出去。他是个很小的小男孩，而岩石却相当巨大。手脚并用，似乎没有费太大的力气，岩石便被他边推带滚地弄到了沙箱的边缘。不过，这时他才发现，他无法把岩石向上滚动、翻过沙箱边墙。

小男孩下定决心，手推、肩挤、左摇右晃，一次又一次地向岩石发起冲击，可是，每当他刚刚觉得取得了一些进展的时候，岩石便滑脱了，重新掉进沙箱。

小男孩只得哼哼直叫，拼出吃奶的力气猛推猛挤。但是，他得到的唯一回报便是岩石再次滚落回来，砸伤了他的手指。

最后，他伤心地哭了起来。这整个过程，男孩的父亲从起居室的窗户里看得一清二楚。当泪珠滚过孩子的脸旁时，父亲来到了跟前。

父亲的话温和而坚定："儿子，你为什么不用上所有的力量呢？"

垂头丧气的小男孩抽泣道："但是我已经用尽全力了，爸爸，我已经尽力了！我用尽了我所有的力量！"

"不对，儿子，"父亲亲切地纠正道，"你并没有用尽你所有的力量。你没有请求我的帮助。"

父亲弯下腰，抱起岩石，将岩石搬出了沙箱。随后说："人互有短长，你解决不了的问题，要善于借助别人的力量，比如你的朋友或亲人，他们也是你的资源和力量。"

要想成就一番大事业，单靠自己一方面的力量是不够的，在力量不强大时，就要善于积极借助他方的力量。在他方的大树下，开辟一片新天地，这不仅仅是谋略，也是一种成功经验的智能产物。

要想收获，就得先付出

有个人在沙漠里穿行，已经连续几天没喝水了。他饥渴难耐，马上就要支撑不住了，突然发现在前面一株巨大的仙人掌下面有一个压水井。

他欣喜若狂，马上走了过去。看见压水井上面放着一瓶水，他嗓子都要冒烟了，不管三七二十一拿起瓶子准备喝水，发现水井上有块醒目的警告牌子，他忍住干渴，只见牌子上写着这样一些字：

这里距离沙漠的尽头，最近的距离是 100 英里。

如果你现在将这瓶水喝完，虽然能暂时解除你的干渴，但是你绝对不可能走出沙漠。

如果你将瓶子里的水倒入压水泵，引出井里的水，那么你就能畅饮清凉洁净的井水，使你能平安走出这片沙漠；最后，享用完了别忘了为别人装满一瓶水。

这个人心想，幸好我看了警告，不然后果……然后他将瓶子中的水倒入水泵中，喝足了清凉的井水，安全走出了这片沙漠。

在取得之前，要先学会付出。只有懂得付出，才能引出生命之水，助你安然走过人生的沙漠。种瓜得瓜，种豆得豆。春种一粒粟，秋收万颗子。没有付出，却想不劳而获，就同妄想天上掉馅饼是一样的道理。

一位从南方来的乞丐与一位从北方来的乞丐在路上相遇。南方乞丐惊愕地说道："你多么像我，我也多么像你，你的神情、服装、举止，甚至那个碗，都和我的简直一模一样。"

北方乞丐也兴奋地嚷着："我觉得在遥远的过去，似乎早就与你相识了。"这两位乞丐被彼此吸引，他们渐渐地爱上了对方。于是，他们不再去天涯海角流浪讨饭，彼此只想依偎在一起。

南方乞丐问："我们已经在一起了，你还拿着碗乞求什么？"

北方乞丐说："这还需要问吗？当然是乞求你的爱。我知道你是爱我的，除了我之外，还有谁跟我一样与你有这么多相同点呢？"

北方乞丐继续说道："亲爱的，将你碗里满满的爱，倒在我的空碗里吧，让我感受你无比的温暖。"

南方乞丐回答说："我端的也是空碗，难道你没瞧见吗？我也祈求你的爱倒入我的空碗，让我的空碗满满的都是你的爱。"

"我的碗是空的，又怎么给你呢？"北方乞丐一脸狐疑。

南方乞丐也说："我的碗难道是满的吗？"

两个乞丐互相乞讨，都期望对方能给自己一些什么，可是一直到最后，任何一方都没有得到对方的爱。

他们渐渐累了，各自叹息之后，走回自己原本的路，继续向其他人乞讨。

在期待别人的付出前，你要先学会付出。爱是相互的。建立在对对方予取予求基础上的爱，就像沙滩上的城堡，指望它能经得起海浪的洗礼是不明智的；因为事实告诉我们，只有靠双方真诚付出，才能使我们的城堡建立在坚实的岩石上，我们爱的城堡才可以在风雨中屹立不倒。

所以，要想得到一些东西，你就必须得付出一些东西，付出多少，你就能得到多少。俗话说，一分耕耘，一分收获。当然，你不必刻意地追求回报，它总是会自己悄悄到来的。

痛苦是通往天堂的梯子

在这个世界上，没有人喜欢痛苦。然而，人生就是痛苦和幸福的综合体，每一个人都摆脱不了痛苦。痛苦是一种折磨，同时又是一种力量。舒适、悠闲远不如坎坷与磨难更能锻炼人，更能发挥人的长处。痛苦造就人的禀赋，痛苦也磨炼人的禀赋，痛苦更能教人靠耐心和韧劲，从苦难之海中顽强跋涉出来。

美国巴拉马州有一个 12 岁的小男孩，他的名字叫作杰森，在他 10 岁的时候患了脑癌，已经动过 3 次大手术并进行了数十次电疗。主治医生认为他的病情不容乐观，但是杰森却勇敢面对他的绝症。他喜欢画画，即使在病床上，他也坚持作画，他的作品曾经数次获得全国大奖。为了在生前开第一次也许是最后一次个人画展，他每天都抽出 4 小时绘画。他说："我一定要坚持活下去。贝多芬不是在耳聋后仍创作出美妙的《月光曲》吗？"

经过多次化疗后，杰森的视力持续衰退，耳朵开始溃烂，但是他的画展依然如期开幕了。杰森因为手术无法亲临现场，只能请一位同学代杰森念了一封他写的信。他在信中是这么说的："我会好起来的，我相信我一定会好起来的。痛苦虽然很可怕，但我现在已经学会习惯它了。正是痛苦让我知道了人生的宝贵，我将努力珍惜以后的时光。"

勇敢的杰森已开过 3 次刀，都是直接在脑袋上开刀。他在第三次手术时，主动要求不用麻醉药，因为癌症带来的痛苦远超过开刀的痛苦。

面对坚强的杰森，不由得让人肃然起敬。人，一旦超越了痛苦，痛苦就不再是牵绊，而是一种伟大的力量。

痛苦，是一把成长的钥匙，让你迅速成长；

痛苦，是飞翔的翅膀，让你更接近梦想；

痛苦，是人生的催化剂，让你更有力量；

痛苦，是一扇通往智慧的门，将人带人心灵的殿堂；

痛苦，是一个炼钢的火炉，让你更加刚强；

痛苦是一架梯子，对于强者来说，它是通向成功的殿堂；对于弱者来说，它是通向黑暗的地狱。

高尔基一生历经坎坷，吃了不少苦，也收获了不少人生阅历，充实的人生经历为他的成就打下了基础。回顾往事的时候，高尔基说道："一个人如果没有他吃不了的苦，那么就没有他做不成的事情。"人如果能正视苦难，是一种人生的豪迈。善待苦难，苦中作乐，是一种人生的乐趣！

进取心是不竭的动力

只有具备一种永不停息的自我推动力，我们的人生才可能不断更上一个台阶，更高的目标和理想不断向我们召唤。

永不知足是要求自己上进的第一步，是要让自己不满足于停留在现有的位置上。永不知足可以帮助你迈出关键的第一步。

比尔·盖茨对年轻人说得最多的一句话就是——"永不知足"。他之所以会取得如此大的成功，就是因为他不满足于所取得的成绩，不断进取，始终激励自己向前发展，最后终于实现了自己的理想，到达了他所向往的地位。

新闻界的"拿破仑"——伦敦《泰晤士报》的大老板诺思克利夫爵士，最初在每月只能拿到80元的时候，他对自己的处境非常不满。后来，《伦敦晚报》和《每日邮报》皆为他所有的时候，他还是感到不满足，直到他得到了伦敦《泰晤士报》之后，他才稍稍觉得有点满足。

就算成了《泰晤士报》的大老板，诺思克利夫爵士还是不肯善罢甘休。他要利用《泰晤士报》揭露官僚政府的腐败，打倒几个内阁，推翻或拥护几个内阁总理（亚斯查尔斯和路易乔治），而且不顾一切地攻击昏迷不醒的政府……由于他的这种大胆的努力，提高了不少国家机关的办事效率，在某种程度上还改革了整个英国的制度。

不管你目前的职位有多高，都不要满足于现状，应该告诉自己："我的职位应在更高处。"

进取心从不允许我们休息，它总是激励我们为了更美好的明天而奋斗。由于人的成长是无限的，所以我们的进取心和愿望也是无法满足的。如果历史地来看，我们目前所到达的高度足以令人羡慕，但是，我们却发现今日所处的位置和昨日的位置一样，无法让我们完全满足，更高的理想和目标不断在向我们召唤。

百年哈佛主张这样的人生哲学：信心和理想乃是人们追求幸福和进步的最强大推动力。

进取心是激发人们抗争命运的力量，是完成崇高使命和创造伟大成就的动力。一个具备了进取心的人，就会像被磁化的指针那样显示出矢志不移的神秘力量。

人生的进步与成功，正是有了进取心和意志力——这种永不停息的自我推动力，才激励着人们向自己的目标前进。对这种激励的需要是我们人生的支柱，为了获得和满足这种需要，我们甚至愿意以放弃舒适和牺牲自我为代价。

向上的力量是每一种生命的本能，这种东西不仅存在于所有的昆虫和动物身上，埋在地里的种子中也存在着这样的力量，正是这种力量刺激着它破土而出，推动它向上生长，向世界展示美丽与芬芳。

这种激励也存在于我们人类的体内，它推动我们去完善自我，去追求完美的人生。

面对困难，你强它便弱

重要的不是我们身处怎样的环境，而是我们对于所处环境做出的是怎样的反应。你愿意成为强者，困难便会退缩。

一个女儿对她的父亲抱怨，说她的生命是如何痛苦、无助，她是多么想要健康地走下去，但是她已失去方向，整个人惶惶然然，只想放弃。她已厌烦了抗拒、挣扎，但是问题似乎一个接着一个，让她毫无招架之力。

父亲二话不说，拉起心爱的女儿，走向厨房。他烧了三锅水，当水沸腾之后，他在第一个锅里放进萝卜，第二个锅里放了一颗蛋，第三个锅则放进了咖啡。

女儿望着父亲，不明所以，而父亲只是温柔地握着她的手，示意她不要说话，静静地看着滚烫的水，以炽热的温度煮着锅里的萝卜、蛋和咖啡。一段时间过后，父亲把锅里的萝卜、蛋捞起来各放进碗中，把咖啡过滤后倒进杯子，问："你看到了什么？"

女儿说："萝卜、蛋和咖啡。"

父亲把女儿拉近，要女儿摸摸经过沸水烧煮的萝卜，萝卜已被煮得软烂；他要女儿拿起这颗蛋，敲碎薄硬的蛋壳，她细心地观察着这颗水煮蛋；然后，他要女儿尝尝咖啡，女儿笑起来，喝着咖啡，闻到浓浓的香味。

女儿谦虚而恭敬地问："爸，这是什么意思？"

父亲解释：这三样东西面对相同的环境，也就是滚烫的水，反应却各不相同。原本粗硬、坚实的萝卜，在滚水中却变软了；

这个蛋原本非常脆弱，它那薄硬的外壳起初保护了液体似的蛋黄和蛋清，但是经过滚水的沸腾之后，蛋壳内却变硬了；而粉末似的咖啡却非常特别，在滚烫的热水中，它竟然改变了水。

　　"你呢？我的女儿，你是什么？"父亲慈爱地问虽已长大成人，却一时失去勇气的女儿，"当逆境来到你的门前，你有何反应呢？你是看似坚强的萝卜，痛苦与逆境到来时却变得软弱、失去了力量吗？或者你原本是一颗蛋，有着柔顺易变的心？你是否原是一个有弹性、有潜力的灵魂，但是在经历死亡、分离、困境之后，变得僵硬顽强？也许你的外表看来坚硬如旧，但是你的心灵是不是变得又苦又倔又固执？或者，你就像是咖啡？咖啡将那带来痛苦的沸水改变了，当它的温度高达100摄氏度时，水变成了美味的咖啡，当水沸腾到最高点时，它就愈加美味。如果你像咖啡，当逆境到来、一切不如意的时候，你就会变得更好，而且将外在的一切转变得更加令人欢喜。懂吗，我的宝贝女儿？你要让逆境摧折你，还是你主动改变，让身边的一切变得更美好？"

　　在人生的道路上，谁都会遇到困难和挫折，就看你能不能战胜它。战胜了，你就是英雄，就是生活的强者。

第十章

每个成功者，都是一个能忍受寂寞的人

在艰难时要忍受住寂寞

人生不如意事十之八九，即使是一个十分幸运的人，在他的一生中也总有一个或几个时期处于十分艰难的情况下，总能一帆风顺的时候几乎没有。看一个人是否成功，我们不能看他成功的时候或开心的时候怎么过，而要看其在不顺利的时候，在没有鲜花和掌声的落寞日子里怎么过。有句话是这么说的："在前进的道路上，如果我们因为一时的困难就将梦想搁浅，那只能收获失败的种子，我们将永远不能品尝到成功这杯美酒芬芳的味道。"

在中国商界，史玉柱代表着一种分水岭。

他曾经是 20 世纪 90 年代最炙手可热的商界风云人物，但也因为自己的张狂而一赌成恨，血本无归。下了很大的决心后，史玉柱决定和自己的三个部下爬一次珠穆朗玛峰，那个他一直想去的地方。

"当时雇一个导游要 800 元，为了省钱，我们四个人什么也不知道就那么往前冲了。"1997 年 8 月，史玉柱一行四人就从珠峰5300 米的地方往上爬。要下山的时候，四人身上的氧气用完了。走一会儿就得歇一会儿。后来，又无法在冰川里找到下山的路。

"那时候觉得天就要黑了，在零下二三十摄氏度的冰川里，如果等到明天天黑肯定要冻死。"

许多年后，史玉柱把这次的珠峰之行定义为自己的"寻路之旅"。之前的他张狂、自傲，带有几分赌徒似的投机秉性。33 岁那年刚进入《福布斯》评选的中国大陆富豪榜前十名两年之后，就负债2.5亿，成为"中国首负"，自诩是"著名的失败者"。珠峰之行结束后，他沉静、反思，仿佛变了一个人。

不管在高耸入云的珠穆朗玛峰上，史玉柱找没找到自己的路，一番内心的跌宕在所难免。不然，他不会从最初的中国富豪榜第8名沦落到"首负"之后，又发展到如今的百亿身家。其中艰辛常人必定难以体会。正因为如此，有人用"沉浮"二字去形容他的过往，而史玉柱从失败到重新崛起的经历，也值得我们长久地铭记。

20世纪90年代，史玉柱是中国商界的风云人物。他通过销售巨人汉卡迅速赚取超过亿元的资本，凭此赢得了巨人集团所在地珠海市第二届科技进步特殊贡献奖。那时的史玉柱事业达到了顶峰，自信心极度膨胀，似乎没有什么事做不成。也就是在获得诸多荣誉的那年，史玉柱决定做点"刺激"的事：要在珠海建一座巨人大厦，为城市争光。大厦最开始定的是18层，但史玉柱的手在一次又一次地跟中央高层握过之后，大厦层数节节攀升，一直飙到72层。此时的史玉柱就像打了鸡血一样，明知大厦的预算超过10亿，手里的资金只有2亿，还是不停地加码。最终，巨人大厦的轰然倒地让不可一世的史玉柱尝尽了苦头。他曾经在最后的关头四处奔走寻觅资金，但"所有的谈判都失败了"。

随之而来的是全国媒体的一哄而上，成千上万篇文章骂他，欠下的债也是个极其恐怖的数字。史玉柱最难熬的日子是1998年上半年，那时，他连一张飞机票也买不起。"有一天，为了到无锡去办事，我只能找副总借，他个人借了我一张飞机票的钱，1000元。"到了无锡后，他住的是30元一晚的招待所。女招待

员认出了他，没有讽刺他，反而给了他一盆水果。那段日子，史玉柱一贫如洗。如果有人给那时的史玉柱拍摄一些照片，那上面的脸孔必定是极度张狂到失败后的落寞，焦急、忧虑是史玉柱那时最生动的写照。

经历了这次失败，史玉柱开始反思。他觉得性格中一些癫狂的成分是他失败的原因。他想找一个地方静静，于是就有了一年多的南京隐居生活。在中山陵前面的一块地方，有一片树林，史玉柱经常带着一本书和一个面包到那里充电。那段时间，他读了洪秀全和毛泽东的书，包括第五次"反围剿"及长征的内容，在史玉柱看来，这些书都比较"悲壮"。那时，他每天 10 点多起床，然后下楼开车往林子那边走，路上会买好面包和饮料。部下在外边做市场，他只用手机遥控。晚上快天黑了就回去，在大排档随便吃一点，一天就这样过去了。

后来有人说，史玉柱之所以能"死而复生"，就是得益于那时候的"卧薪尝胆"。他是那种骨子里希望重新站起来的人。事业可以失败，精神上却不能倒下。经过一段时间的修身养性，他逐渐找到了自己失败的症结：之前的事业过于顺利，所以忽视了许多潜在的隐患。不成熟、盲目自大，野心膨胀，这些，就是他性格中的不安定因素。

他决心从头再来，此时，史玉柱身体里"坚强"的秉性体现出来。他在那次珠峰以及多次"省心"之旅后踏上了负重的第二次创业。这次事业的起点是保健品脑白金。

因为之前的巨人大厦事件，全国上下已经没有几个人看好史玉柱。他再次的创业只是被更多的人看作赌徒的又一次疯狂。但脑白金一经推出，就迅速风靡全国，到2000年，月销售额达到1亿元，利润达到4500万。自此，巨人集团奇迹般地复活。虽然史玉柱还是遭到全国上下诸多非议，但不争的事实却是，史玉柱曾经的辉煌确实慢慢回来了。赚到钱后，他没想到为自己谋多少私利，他做的第一件事就是还钱。这一举动，再次使其成为众人的焦点。因为几乎没有人能够想到史玉柱有翻身的一天，更没想到这个曾经输得一贫如洗的人能够还钱。但他确实做到了。

认识史玉柱的人，总说这些年他变化太大。怎么能没有变化呢？一个经历了大起大落的人，内心总难免泛起些波澜。而对于史玉柱，改变最多的，大概是心态和性格。几番沉浮，很少有人再看到他像早些年那样狂热、亢奋、浮躁，更多的是沉稳、坚忍和执着。即使是十分危急的关头，他也是一副胸有成竹、不慌不忙的样子。

回想自己早年的失败时，史玉柱曾特意指出，巨人大厦"死"掉的那一刻，他的内心极其平静。而现在，身家百亿的他也同样把平静作为自己的常态。只是，这已是两种不同的境界。前者的平静大概象征一潭死水，后者则是波涛过后的风平浪静。起起伏伏，沉沉落落，有些人生就是在这样的过程中变得强大和不可战胜。良好的性情和心态是事业成功的关键，少了它们，事业的发展就可能徒增许多波折。

人生难免有低谷的时候，在这样的时刻，我们需要的就是忍受寂寞，卧薪尝胆。就像当年越王勾践那样，三年的时间里，作为失败者他饱受屈辱，被放回越国之后，他选择了在寂寞中品尝苦胆，铭记耻辱，奋发图强，最终得以雪耻。

不要羡慕别人的辉煌，也不要眼红别人的成功，只要你能忍受寂寞，满怀信心地去开创，默默付出，相信生活一定会给你丰厚的回报。

突破困境要耐得住寂寞

每个想要突破目前困境的人首先都需要耐得住寂寞，只有在寂寞中才能催生一个人的成长。

曾有人在谈及寂寞降临的体验时说："寂寞来的时候，人就仿佛被抛进一个无底的黑洞，任你怎么挣扎呼号，回答你的，只有狰狞的空间。"的确，在追寻事业成功的路上，寂寞给人的精神煎熬是十分厉害的。想在事业上有所成就，自然不能像看电影、听故事那么轻松，必须得苦修苦练，必须得耐疑难、耐深奥、耐无趣、耐寂寞，而且要抵得住形形色色的诱惑。能耐得住寂寞是基本功，是最起码的心理素质。耐得住寂寞，才能不赶时髦，不受诱惑，才不会浅尝辄止，才能集中精力潜心于所从事的工作。耐得住寂寞的人，等到事业有成时，大家自然会投来钦佩的目光，这时就不寂寞了。而有着远大志向却耐不住寂寞，成天追求热闹，终日浸泡在欢乐场中，一混到老，最后什么成绩也没有的人，那就将真正寂寞了。其实，寂寞不是一片阴霾，寂寞也可以变成一缕阳光。只要你勇敢地接受寂寞，拥抱寂寞，以平和的爱心关爱寂寞，你会发现：寂寞并不可怕，可怕的是你对寂寞的惧怕；寂寞也不烦闷，烦闷的是你自己内心的空虚。

曾获得奥斯卡最佳导演奖的华人导演李安，在去美国念电影学院时已经 26 岁，遭到父亲的强烈反对。父亲告诉他：纽约百老汇每年有几万人去争几个角色，电影这条路走不通的。李安毕业后，7 年，整整 7 年，他都没有工作，在家做饭带小孩。有一段时间，他的岳父岳母看他整天无所事事，就委婉地告诉女儿，也就是李安的妻子，准备资助李安一笔钱，让他开饭馆。李安自知不能再这样拖下去，但也不愿拿丈母娘家的资助，决定去区大学上计算机课，从头学起，争取可以找到一份安稳的工作。李安背着老婆硬着头皮去区大学报名，一天下午，他的太太发现了他的计算机课程表。他的太太顺手就把这个课程表撕掉了，并跟他说："安，你一定要坚持自己的理想。"

因为这一句话，这样一位明理聪慧的老婆，李安最后没有去学计算机，如果当时他去了，多年后就不会有一个华人站在奥斯卡的舞台上领那个很有分量的大奖。

李安的故事告诉我们，人生应该做自己最喜欢最爱的事，而且要坚持到底，把自己喜欢的事发挥得淋漓尽致，必将走向成功。

如果你真正的最爱是文学，那就不要为了父母、朋友的谆谆教诲而去经商，如果你真正的最爱是旅行，那就不要为了稳定选择一个一天到晚坐在电脑前的工作。

你的生命是有限的，但你的人生却是无限精彩的，也许你会成为下一个李安。但你需要耐得住寂寞，7 年你等得了吗？很有可能会更久，你等得到那天的到来吗？别人都离开了，你还会在原地继续等待吗？

一个人想成功，一定要经过一段艰苦的过程。任何想在春花

秋月中轻松获得成功的人距离成功遥不可及。这寂寞的过程正是你积蓄力量，开花前奋力地汲取营养的过程。如果你耐不住寂寞，成功永远不会降临于你。

失败也是一种财富

在这个世界上，每一个人都经历过无数次的失败。当然，也包括富人在内，他们的成功也并非一帆风顺的。

没有人不想成为富人，也没有人不想拥有财富，但很多人在追求财富的过程中要么被困难打败，要么对挫折望而却步、半途而废。如果我们换个角度来看问题就不一样了：世界上根本就没有所谓的失败，只有暂时的不成功。这也正是富人们的信条，正是因为在他们的字典里没有"失败"，他们才不会放弃，才会继续努力，他们知道不成功只是暂时的，总有一天他们会成功！

金融家韦特斯真正开始自己的事业是在 17 岁的时候，他赚了第一笔大钱，也是第一次得到教训。那时候，他的全部家当只有 255 块钱。他在股票的场外市场做掮客，在不到一年的时间里，他发了大财，一共赚了 168000 元：拿着这些钱，他给自己买了第一套好衣服，在长岛给母亲买了一幢房子。但是这个时候，第一次世界大战结束了，韦特斯以为和平已经到来，就拿出了自己的全部积蓄，以较低的价格买下了雷卡瓦那钢铁公司。

"他们把我剥光了，只留下 4000 元给我。"韦特斯最喜欢说这种话，"我犯了很多错，一个人如果说他从未犯过错，那他就是在说谎。但是，我如果不犯错，也就没有办法学乖。"这一次，他学到了教训。"除非你了解内情，否则，绝对不要买大减价的东西。"

他没有因为一时的挫折而放弃，相反，他总结了相关的经验，并相信他自己一定会成功。后来，他开始涉足股市，在经历了股市的成败得失后，他已赚了一大笔。

1936年是韦特斯最冒险的一年，也是最赚钱的一年。一家叫普莱史顿的金矿开采公司在一场大火中覆灭了。它的全部设备被焚毁，资金严重短缺，股票也跌到了3分钱。有一位名叫陶格拉斯·雷德的地质学家知道韦特斯是个精明人，就说服他把这个极具潜力的公司买下来，继续开采金矿。韦特斯听了以后，拿出35000元支持开采。不到几个月，黄金挖到了，离原来的矿坑只有213英尺。

这时，普莱史顿的股票开始往上飞涨，不过不知内情的海湾街上的大户还是认为这种股票不过是昙花一现，早晚会跌下来，所以他们纷纷抛出原来的股票。韦特斯抓住了这个机会，他不断地买进、买进，等到他买进了普莱史顿的大部分股票时，这种股票的价格已上涨了许多。这座金矿，每年毛利达250万元。韦特斯在他的股票继续上升的时候把普莱史顿的股票大量卖出，自己留了50万股，这50万股等于他一分钱都没有花。

韦特斯的成功告诉我们，不要害怕失败，财富的获得总是在失败中一点点积累的，很少有一夜暴富，而且一夜暴富的财富也总是不长久的。这便是富人们不怕失败的原因，失败也是一种财富。

做事情必须有恒心

人生最大的自由，莫过于选择成败，成功者寥若晨星，更少有人青史留名，而失败者比比皆是。据有关学者研究证明：48%的人经历一次失败，就一蹶不振了；25%的人经历两次失败就泄气了；15%的人经历三次失败也放弃了；只有12%的人经历无数次的失败后，仍不气馁，始终朝着一个方向冲刺。他们坚信，只要方向不错，方法得当，坚持不懈、锲而不舍，成功只是时间问题。人生最大的敌人是自己，战胜自己是成功者的必经之路。

李健最早涉足茶叶经营是在2001年。在这之前他经营着一家超市，由于拆迁，他只好改行和一个福建籍朋友做起了茶叶生意。那时，茶艺还处于萌芽状态，是一个新兴产业，利润空间和发展空间都比较大。然而，李健对茶艺、茶文化一窍不通，门市开业后，面对顾客提出的有关茶的问题，他常常脸涨得通红，说不出话来，之后只得向朋友求救。看着朋友和顾客大谈茶文化，李健第一次认识到茶居然有着这样深的内涵，他喜欢上了这一行。

后来，李健和朋友的经营理念发生了分歧，生意也开始变得清淡。李健回忆，在一段时间里，他们不断地往里垫钱，根本没有回款。坚持了三个月后，李健与朋友在经营思路上的分歧越来越大，最后只好分道扬镳。于是，李健开始独自创业。

经过市场调查，他把茶叶门市地址选在了北京茶叶一条街——马连道。也许是初生牛犊不怕虎，李健当初只是想扎堆的生意好做，并没在意这一条街上对手们的来历。后来他才发现这里的人个个都是高手，不论是茶道还是销售，而且他们都来自茶叶生产厂家，对茶有着深刻的理解，唯独他是个门外汉。

李健选定地址后看中了一间60平方米的门市，年租金4万元，他交了租金请来装修工装修门市，自己则赶往茶叶生产地采购茶叶，这是他第一次采购茶叶，由于没有经验，又缺乏茶叶知识，他采购的茶叶无论在色泽上还是质量上都给日后的批发和销售带来了困难。为了不再犯同样的错误，他买来大量有关茶叶的书，仔细研读，凡是上门的客户也都提供最优惠的价格，以便发展市场。即使这样，他的门市仍是门庭冷落。

李健开始托朋友介绍茶叶销售渠道，稍有空闲就亲自背着茶叶样品去零售店推销，有时他请人给他看门市，自己背个大袋子到偏远区县去找销售点。而很多时候，他都吃了闭门羹，偶尔听到"我们有供货方，以后考虑吧"，他都激动半天。"那时我一心想着尽快发展客户，有时一天只能吃一顿饭，一个月下来整个人都快虚脱了。"

在两个月里，他跑遍了6个城市的茶叶零售店，但是没有得到任何回报。李健的茶叶门市经历了整整14个月的萧条后才开始复苏。在这期间，他不断听到类似他这种门外汉茶业门市倒闭的消息，他的朋友也劝他收手。李健经过激烈的思想斗争后，咬着牙告诉朋友："我已经喜欢上了这个行业，每个行业起步都会有艰难和困苦，更何况我还没有认输。"

随着对茶经的深入了解和对市场的辛勤开拓，李健的门市第13个月开始有了一点儿利润，就在2003年春节前的一个月，他的门市赚回了之前的所有投资，还略有盈余。2004年，李健的茶

叶门市纯利润达 20 多万元。

事实证明：只要有恒心，铁棒也能磨成针。看一个人，不必看他辉煌耀眼、春风得意之时，而应看他身处逆境时是怎样艰难跋涉的。执着是人类的一种美德，任何天赋、才华、强势都不能代替。不积跬步，无以至千里；不积细流，无以成江河。千里之行，始于足下，做任何事情都必须有恒心。

坚守寂寞，坚持梦想

当你面对人类的一切伟大成就的时候，你是否想到过，曾经为了创造这一切而经历过无数寂寞的日夜，他们不得不选择与寂寞结伴而行，有了此时的寂寞，才能获得自己苦苦追求的似锦前程。

很多时候成功不是一蹴而就的，要经过很多磨难，每个人无论如何都不能丢弃自己的梦想。执着于自己的目标和理想，把自己开拓的事业做下去。

肯德基创办人桑德斯先生在山区的矿工家庭中长大，家里很穷，他也没受什么教育。他在换了很多工作之后，自己开始经营一个小餐馆。不幸的是，由于公路改道，他的餐馆必须关门，关门则意味着他将失业，而此时他已经 65 岁了。

也许他只能在痛苦和悲伤中度过余年了，可是他拒绝接受这种命运。他要为自己的生命负责，相信自己仍能有所成就。可是他是个一无所有、只能靠政府救济的老人，他没有学历和文凭，没有资金，没有什么朋友可以帮他，他应该怎么做呢？他想起了小时候母亲炸鸡的特别方法，他觉得这种方法一定可以推广。

经过不断尝试和改进之后，他开始四处推销这种炸鸡的经销权。在遭到无数次拒绝之后，他终于在盐湖城卖出了第一个经销权，结果立刻大受欢迎，他成功了。

65 岁时还遭受失败而破产，不得不靠救济金生活，在 80 岁时却成为世界闻名的杰出人物。桑德斯没有因为年龄太大而放弃自己的成功梦想，经过数年拼搏，终于获得了巨大的成功。如今，肯德基的快餐店在世界各地都是一道风景。

很多时候，在日常生活、工作中我们必须在寂寞中度过，没有任何选择。这就是现实，有嘈杂就有安静，有欢声笑语，就有寂静悄然。

既然如此，你逃脱不掉寂寞的影子，驱赶不走寂寞的阴魂，为什么非要与寂寞抗争？寂寞有什么不好，寂寞让你有时间梳理躁动的心情，寂寞让你有机会审视所作所为，寂寞让你站在情感的外圈探究感情世界的课题，寂寞让你向成功的彼岸挪动脚步，所以，寂寞不光是可怕的孤独。

寂寞是一种力量，而且无比强大。事业成就者的秘密有许多，生活悠闲者的诀窍也有许多。但是，他们有一个共同的特点，那就是耐得住寂寞。谁耐得住寂寞，谁就有宁静的心情，谁有宁静的心情，谁就水到渠成，谁水到渠成谁就会有收获。山川草木无不含情，沧海桑田无不蕴理，天地万物无不藏美，那是它们在寂寞之后带给人们的享受。所以，耐住寂寞之士，何愁做不成想做的事情。有许多人过高地估计自己的毅力，其实他们没有跟寂寞认真地较量过。

我们常说，做什么事情需要坚持，只要奋力坚持下来，就会成功。这里的坚持是什么？就是寂寞。每天循规蹈矩地做一件事情，心便生厌，这也是耐不住寂寞的一种表现。

如果有一天，当寂寞紧紧地拴住你，哪怕一年半载，为了自己的追求不得不与寂寞搭肩并进的时候，心中没有那份失落，没有那份孤寂，没有那份被抛弃的感觉，才能证明你的毅力坚强。

人生不可能总是前呼后拥，人生在世难免要面对寂寞。寂寞是一条波澜不惊的小溪，它甚至掀不起一个浪花，然而它却孕育着可能成为飞瀑的希望，渗透着奔向大海的理想。坚守寂寞，坚持梦想，那朵盛开的花朵就是你盼望已久的成功。

享受寂寞才能获得人生的宁静

西方有位哲人在总结自己一生时说过这样的话："在我整整75年的生命中，我没有过过四个星期真正的安宁。这一生只是一块必须时常推上去又不断滚下来的崖石。"所以，追求宁静，或者是追求寂寞对许多人来说成了一个梦想。由此看来，寂寞并不是每个人都能享受的。

可是，现实生活中，许多人害怕寂寞，时时借热闹来躲避寂寞，麻痹自己。滚滚红尘中，已经很少有人能够固守一方清静，独享一份寂寞了，更多的人脚步匆匆，奔向人声鼎沸的地方。殊不知，热闹之后的寂寞更加寂寞。我辈如能在热闹中独饮那杯寂寞的清茶，也不失为人生的另类选择与生存。但是，寂寞并不是每个人都会享受的!

对未来进行抗争的人,才有面对寂寞的勇气;在昔日拥有辉煌的人,才有不甘寂寞的感受。

为了收获而不惜辛勤耕耘、流血流汗的人,才有资格和能力享受寂寞。

寂寞是一种难得的感觉,只有在拥有寂寞时,你才能静下心来悉心梳理自己烦乱的思绪,只有在拥有寂寞时,你才能让自己成熟。不在寂寞中升华,就在寂寞中死去。

许多人把失意、伤感、无为、消极等与寂寞联系在一起,认为将自己封闭起来就是寂寞,其实,这是一种误解。倘使这样去超越生活,不仅限制生命的成长,还会与现实产生隔阂,这样的人只是逃避生活。

寂寞是一种感受,是一种难得的感觉,是心灵的避难所,会给你足够的时间去舐舐伤口,重新以明朗的笑容直面人生。

懂得了寂寞,便能从容地面对阳光,将自己化作一杯清茗,在轻啜深酌中渐渐明白,不是所有的生长都能成熟,不是所有的欢歌都是幸福,不是所有的故事都会真实,有时,平淡是穿越灿烂而抵达美丽的一种高度,一种境界。

当寂寞来临时,轻轻合上门窗,隔去外面喧嚣的世界,默默独坐在灯下,平静地等待身体与心灵的一致,让自己从悲欢交集中净化思想。这样,被一度驱远的宁静会重新回归。你静静地用自己的理解去解读人世间风起云涌的内容,思考人生历程中的痛苦和欢悦。你不再出入上流社会,也就不再对那些达官显贵们摧眉折腰;人们不再追逐你,不再关注你,你也因此而少了流言的中伤。当你真实乍窥了人生的丰富与美好，生命的宏伟和阔大，让身心平直地立在生活的急流中，不因贪图而倾斜，不因喜乐而忘形，不因危难而逃避，你就读懂了寂寞，理解了寂寞。于是，寂寞不再是寂寞，寂寞成了一首诗，成了一道风景，成了一曲美妙的音乐。于是，寂寞成了享受，使我们终于获得了人生的宁静。

寂寞来时，轻轻闭上双眼，去聆听远方的鸟鸣，去感受灵魂深处的快乐。

忍辱负重，以谋大业

俗话说得好："留得青山在，不怕没柴烧。"人的一生充满了风风雨雨，跌宕起伏，当一个人被命运甩到最低谷时，应该始终抱着这样的想法：只要生命尚存，就有东山再起的机会。即便颜面尽失，也要忍辱负重，以谋大业。

人为活而生，不是为死而生，活着就有希望。所有问题都有它的两面性或多面性，在生与死的边缘，弃死求生才是正确的抉择，为了成就明日的伟业，暂且"苟且偷生"也未尝不可。

1076 年，德意志神圣罗马帝国皇帝亨利与教皇格里高利争权夺利，斗争日益激烈，发展到了势不两立的地步。亨利想摆脱罗马教廷的控制，教皇则想把亨利所有的自主权都剥夺殆尽。

在矛盾激烈的关头，亨利首先发难，召集德国境内各教区的教士们开了一个宗教会议，宣布废除格里高利的教皇职位。而格里高利则针锋相对，在罗马的拉特兰诺宫召开了一个全基督教会的会议，宣布驱逐亨利出教，不仅要德国人反对亨利，也要在其他国家掀起反亨利的浪潮。

教皇的号召力非常之大，一时间德国内外反亨利力量声势震天，特别是德国境内的大大小小的封建主都兴兵造反，向亨利的王位发起了挑战。亨利的王位与生命都遭受着严重的威胁。

亨利面对危局，被迫妥协，于1077年1月身穿破衣，只带了两个随从，骑着毛驴，冒着严寒，翻山越岭，千里迢迢地前往罗马，向教皇认罪忏悔。

但格里高利故意不予理睬，在亨利到达之前躲到了远离罗马的卡诺莎行宫。亨利没有办法，只好又前往卡诺莎去拜见教皇。

到了卡诺莎后，教皇紧闭城堡大门，不让亨利进来。为了保住性命与王位，亨利忍辱跪在城堡门前求饶。当时大雪纷纷，天寒地冻，身为帝王之尊的亨利屈膝脱帽，一直在雪地上跪了三天三夜，教皇才开门相迎，饶恕了他。这就是历史上著名的"卡诺莎之行"。

最后，亨利恢复了教籍，保住王位返回德国。

也许有人会对亨利的这种做法嗤之以鼻，认为此举低三下四、尊严扫尽。但亨利放弃进攻，主动讨饶，得到了教皇的饶恕，这才保住了性命与机会。

亨利返回德国后，集中精力整治内部，先把曾一度危及他王位的内部反抗势力逐一消灭。阵脚稳固之后，他立即发兵进攻罗马，以报跪求之辱。在亨利的强兵面前，格里高利弃城逃跑，客死他乡。

所以，留得青山在，不怕没柴烧，德国皇帝雪地长跪求教皇的目的就是以吃"眼前亏"来换取以后的利益，为了生存和实现更高远的目标。如果因为不肯暂时低头而蒙受巨大的损失，甚至把命都丢了，哪还谈得上未来和理想。就连李广这样的血性将军也懂得这样的道理，忍辱负重实乃大丈夫所为。

公元前 129 年，汉将军李广一时失利不幸被捕，成了匈奴的俘虏。李广在战斗中身负重伤，伤口血流如注，脸色惨白。匈奴骑兵把受伤的李广放进一个绳子编织的大兜里，架在两匹马中间，边拖边走。

一路上，过去深受李广打击的匈奴骑兵不断讥笑侮辱李广：这位一代名将不言不语，紧咬牙关，闭上双眼，心里怒火中烧，但就是忍着不接话茬不出声。同时，各种念头在李广脑中飞速转动，他在寻找机会逃脱。而匈奴骑兵见李广眼皮合上，渐渐也失去了警惕。

又行进了一段路，李广突然飞身扑到一骑兵身上，说时迟，那时快，他一把夺下骑兵手中弓箭，又一记重拳将其击落下马，待其他匈奴兵反应过来时，李广骑着马已跑出大老远。就这样，李广才死里逃生，后来在北击匈奴的过程中立下赫赫战功。

甘地说过："生由死而来。麦子为了萌芽，它的种子必须要死了才行。"暂时的退是为了更好的进，舍弃是为了获得，是还想要有更大的作为。

所以"留得青山在，不怕没柴烧"是一种大智慧。拥有这种大智慧的人是真正有远见、有毅力的人，这样的人在任何情况下都不会绝望，只有这样的人才能赢得人生的最后胜利。

只有耐得一时之苦，才会享受一世之甜

罗曼·罗丹曾说："只有把抱怨别人和环境的心情，化为上进的力量，才是成功的保证。"命运的挫折磨难，可以使人脆弱萎靡，也可以使人坚强冷静。学会忍耐，你就能够把握自己的命运。

无论你位高权重，还是富甲一方，你都会遭遇折磨你的人，那么，当你面对这些折磨你的人的时候，你是忍耐、以不断改进自己来适应，还是怒不可遏、跟自己过不去？很显然，选择前者是明智之举。

艾柯卡是美国汽车业最为优秀的经营巨子，他曾任职于世界汽车行业的领头羊——福特公司。由于其卓越的经营才能，艾柯卡的地位不断高升，直到坐上了福特公司的总裁位置。

就在艾柯卡志得意满、事业如日中天的时候，福特公司的老板——福特二世出人意料地解除了艾柯卡的职务，原因是艾柯卡在福特公司的声望和地位已经超越了福特二世，他担心自己的公司有一天改姓为"艾柯卡"。

艾柯卡成了功高盖主的牺牲品。他一下从人生的辉煌跌入了人生的低谷，他坐在自己的小办公室里思索良久，终于毅然而果断地下了决心，离开福特公司。

在离开福特公司之后，艾柯卡最终选择了美国第三大汽车公司——克莱斯勒公司。很多人都不理解艾柯卡，因为此时的克莱斯勒已是千疮百孔、濒临倒闭。想必除这家风雨飘摇的企业，艾柯卡有很多更好的选择，因为这段时间有很多世界著名企业的头目都拜访过艾柯卡，希望他能重新出山，但艾柯卡一一谢绝。其实，艾柯卡心中只有一个目标，那就是"从哪里跌倒的，就要从哪里爬起来"！他要向福特二世和所有人证明，艾柯卡的确是一代经营奇才！

接管克莱斯勒公司后，艾柯卡进行了大刀阔斧的改革，辞退了 32 个副总裁，关闭了 16 个工厂，从而节省了公司很大的一笔开支。一方面，整顿后的企业规模虽然小了，但却更精干了；另一方面，艾柯卡仍然用那双与生俱来的慧眼，充分洞察人们的消费心理，把有限的资金都花在了刀刃上。根据市场需要，他以最快的速度推出新型车，从而逐渐与福特、通用三分天下，并最终创造了一个震惊美国的神话。

这时候，福特才开始后悔，但是已经为时过晚。1983 年，在美国的民意测验中，艾柯卡被推选为"左右美国工业部门的第一号人物"。1984 年，由《华尔街日报》委托盖洛普进行的"最令人尊敬的经理"的调查中，艾柯卡居于首位。同年，克莱斯勒公司营利 24 亿美元。

一个折磨你的人，却往往是成就你的人。的确，你只有感谢曾经折磨过自己的人或事，才能体会出那实际上短暂而有风险的生命意义；你只有懂得宽容自己不可能宽容的人，才能看见自己目标的远阔，才能重新认识自己……

有所忍才能有所成，内圣才能外王，守柔才能刚强。要知横逆之来，不可便动气，先思取之之故，即得处之之法。

狂风暴雨往往摧残禾苗的生长，却也是它们结果的必然条件。当折磨你的人出现时，说明你的成功机遇已经来临。当然，这得需要你学会忍耐，接受那些肆意的折磨与侮辱，梅花香自苦寒来，只有耐得一时之苦，才会享受一世之甜。

专注于脚下的路

我们之所以没有成功，很多时候是因为在通往成功的路上，我们没能耐得住寂寞，没有专注于脚下的路。

张艺谋的成功在很大程度上来源于他对电影艺术的诚挚热爱和忘我投入。正如传记作家王斌所说的那样："超常的智慧和敏捷固然是张艺谋成功的主要因素，但惊人的勤奋和刻苦也是他成功的重要条件。"

拍《红高粱》的时候，为了表现剧情的氛围，他亲自带人去种出一块 100 多亩的高粱地；为了"颠轿"一场戏中轿夫们颠着轿子踏得山道尘土飞扬的镜头，张艺谋硬是让大卡车拉来十几车黄土，用筛子筛细了，撒在路上；在拍《菊豆》中杨金山溺死在大染池一场戏时，为了给摄影机找一个最好的角度，更是为了照顾老演员的身体，张艺谋自告奋勇地跳进染池充当"替身"，一次不行再来一次，直到摄影师满意为止。

我们如果还在抱怨自己的命运，还在羡慕他人的成功，就需要好好反省自身了。很多时候，你可能就输在对事业的态度上。

1986 年，摄影师出身的张艺谋被吴天明点将出任《老井》一片的男主角。没有任何表演经验的张艺谋接到任务，二话没说就搬到农村去了。

他剃光了头，穿上大腰裤，露出了光脊背。在太行山一个偏僻、贫穷的山村里，他与当地乡亲同吃同住，每天一起上山干活，一起下沟担水。为了使皮肤粗糙、黝黑，他每天中午光着膀子在烈日下曝晒；为了使双手变得粗糙，每次摄制组开会，他不坐板凳，而是学着农民的样子蹲在地上，用沙土搓揉手背；为了电影中的两个短镜头，他打猪食槽子连打了两个月；为了影片中那不足一分钟的背石镜头，张艺谋实实在在地背了两个月的石板，一天三块，每块150斤。

在拍摄过程中，张艺谋为了达到逼真的视觉效果，真跌真打，主动受罪。在拍"舍身护井"时，他真跳，摔得浑身酸疼；在拍"村落械斗"时，他真打，打得鼻青脸肿。更有甚者，在拍旺泉和巧英在井下那场戏时，为了找到垂死前那种奄奄一息的感觉，他硬是三天半滴水未沾、粒米未进，连滚带爬地拍完了全部镜头。

在通往成功的道路上，如果你能耐得住寂寞，专注于脚下的路，目的地就在你的前方，只要努力，你一定会走到终点；如果你专注于困难，始终想不到目的地就在离你不远的前方，你永远都走不到终点！

可能在人生旅途中我们会有理想也会有很多目标，但我们从来都不知道会遇到什么困难，所以你努力地朝着终点前进，你在过程中变得更自信更坚强，最终也走到了目的地。但如果你已经预测到了，我们的旅途是何等的艰辛，它困难重重，我们千方百计地去设想、规划每个可能碰到的困难，结果我们在攻克中迷失了方向，在想的过程中目的地已经离我们太远了。

掌握制造快乐的能力

俄国文学家契诃夫说过："不懂得幽默的人，是没有希望的人。"

百年人生，逆境十之八九。我们在人生的旅途上，并非都是铺满鲜花的坦途，反而要常常与不如意的事情结伴而行。诸如考试落榜、工作解聘、官职被免、疾病缠身、情场失意等，都会使人叹息不止，产生强烈的失落感。有的人甚至从此一蹶不振，心理上长期处于沮丧、忧伤、懊悔、苦闷的状态，不但影响工作情绪和生活质量，而且有害于身心健康。

实际上，许多不如意的事，并非由于自己有什么过错，有时是由于自己力量不及，有时是由于客观条件不允许，有时则是"运气不佳"，有时甚至纯属天灾人祸。在这种情况下，如果面对现实，及时调整心态，不时幽默一下，就能化解困境，平衡心理，使自己从苦闷、烦恼、消沉的泥潭中解脱出来。因此，生活中的每个人都应当学会少一点失望，多一点幽默。

有的人善于运用幽默的语言行为来处理各种关系，化解矛盾，消除敌对情绪。他们把幽默作为一种无形的保护伞，使自己在面对尴尬的场面时，能免受紧张、不安、恐惧、烦恼的侵害。幽默的语言可以解除困窘，营造出融洽的气氛。

幽默是好莱坞的一大传统。出身好莱坞的里根也常常采用同样的幽默嘲讽手法。幽默有时很奏效，笑声使人们驱散了认为里根好斗并爱干蠢事的那种印象。有一次讲演中，针对有人抗议他

在国防方面耗资巨大的问题，里根说："我一直听到有关订购 B-1 这种产品的种种宣传。我怎么会知道它是一种飞机型号呢？我原以为这是一种部队所需的维生素而已。"里根这种把昂贵的战斗机拿来开玩笑的幽默，抵消了人们对庞大的国防预算的批评。

还有一次，里根总统访问加拿大，在一座城市发表演说。在演说过程中，有一群举行反美示威的人不时打断他的演说，明显地显示出反美情绪。里根是作为客人到加拿大访问的，加拿大的总理皮埃尔·特鲁多对这种无礼的举动感到非常尴尬。面对这种困境，里根反而面带笑容地对他说："这种情况在美国是经常发生的，我想这些人一定是特意从美国来到贵国的，可能他们想使我有一种宾至如归的感觉。"听到这话，尴尬的特鲁多禁不住笑了。

美国心理学教授塔吉利亚认为，幽默是自我力量的最高、最佳层次。他说，到达了这一层次，一切的问题和困扰都会自行削弱，从而达到抚慰人心的效果。事实也是这样，逃避并不是超脱，需要得到超脱的是我们那种受狭隘自尊心理束缚的"一本正经"。其实，笑自己长相上的缺陷，笑自己干得不太漂亮的事情，会使你变得富有人情味。据说，法国一家销售公司的总裁，专门雇用那些善于制造快乐气氛、懂得幽默的人。他说："幽默能把自己推销给大家，让人们接受他本人，同时也接受他的观点、方法和产品。"

英国著名化学家法拉第，由于长期紧张的研究工作，患头痛、失眠等症，虽然经过多年医治，但还是不能根除，健康每况愈下。后来，他请了一位高明的医师，经过详细询问和检查，医师开了一张奇怪的处方，没写药名，只写了一句谚语："一个小丑进城，胜过一打医生。"开始，法拉第百思不得其解，后来逐渐悟出其中道理，便决心不再打针吃药，而是经常到马戏团看小丑表演，结果每次都是大笑而归。从此他的紧张情绪逐渐松弛。不久，头痛、失眠的症状也消失了，健康状况好转起来。

这就是"一个小丑进城，胜过一打医生"的谚语典故。在生活中，每个人都希望自己快乐，也往往喜欢和有幽默感的人在一起。因为他们可以比较容易地克服逆境，可以把快乐带给大家，并赋予生活以活力和情趣，使自己的心理更加健康。

所以，当你遇到困难、挫折或是尴尬时，你不应该气馁、绝望或缩手缩脚。此时，最好的化解方法就是幽默，跟别人一起大笑一阵后，什么事都没了。幽默，既是自谦，又是自信。它不同于自轻自贱，更不同于自诩自大。当你学会了如何幽默时，你会发现，自己已经掌握了制造快乐、摆脱困境以及维护尊严的能力。

不改变会一直很难

人的生命历程就像海浪一样，总是在高低起伏中前进。在前进的途中，有时我们会碰到一道又一道难以翻越的坎。这些坎就是我们人生的瓶颈，卡在这个瓶颈中，我们会有种既上不去又下不来的感觉。如果卡在那里的时间过长，恐怕我们的斗志将会被慢慢磨灭，甚至最后自我放弃。所以，我们要不断超越自己，突破我们人生的瓶颈。

20 世纪 80 年代，百事可乐公司异军突起，使可口可乐公司遭到了强有力的挑战。为了扭转不利的竞争局面，塞吉诺·扎曼临危受命——经营可口可乐公司。

扎曼采取的策略是更换可口可乐的旧模式，标之以"新可口可乐"，并对其进行大肆宣传。但在新的营销策略中，扎曼犯了一个严重错误，他将老可口可乐的酸味变成甜味，没有考虑到顾客口味的不可变性，这就违背了顾客长久以来形成的习惯。结果，新可口可乐全线溃败，成为继美国著名的艾德塞汽车失利以来最具灾难性的新产品，以至 79 天后，"老可口可乐"就不得不重返柜台支撑局面——改名为"古典可乐"。

扎曼策略性的失败对他在公司的地位造成了巨大的负面影响，不久，他就在四面的攻击声中黯然离职。在扎曼离开可口可乐公司后的 14 个月中，他非常愧疚，没有同公司中的任何人交谈过。对于那段不愉快的日子，他回忆道："那时候我真是孤独啊！"但是扎曼没有丧失希望，放弃自我。

世上没有永远的失败，失败只不过是成功人生的其中一个步骤而已，经历人生的瓶颈只是一时的，人生如果没有经历过挫折，那就不会享受到真正的成功，成功其实就是一连串失败的结果。对于扎曼来说就是这样。

在扎曼先生经过了一年多的瓶颈期后，他和另一个合伙人开办了一家咨询公司。他就用一台电脑、一部电话和一部传真机，在亚特兰大一间被他戏称之为"扎曼市场"的地下室里，为微软公司和酿酒机械集团这样的著名公司提供咨询。后来，扎曼先生为微软公司、米勒·布鲁因公司为代表的一大批客户成功地策划了一个又一个发展战略。

最后，扎曼先生在咨询领域成绩斐然，此时可口可乐也来向他咨询，并请他回来整顿公司工作，可口可乐公司总裁罗伯特也承认："我们因为不能容忍扎曼犯下的错误而丧失了竞争力，其实，一个人只要运动就难免有摔跟头的时候。"

是啊，人生难免摔跟头，一时的失意并不可怕，只要不失去希望、失去志向，就能突破人生的瓶颈，赢得属于自己的一片天空。历史上许多伟人，许多成功者，都有过失意的时候，而他们都能够做到失意而不失志，都能做到胜不骄，败不馁。

蒲松龄一生梦想为官，可最终也没能如意，但他是幸运的，因为他能及时反省，能及时掉转人生的航向，找到他人生的另一片天空，这才有《聊斋志异》的流芳百世，他的大名也永载史册。

司马迁因李陵一案而官场失意，可他没有被打垮，不屈不挠的精神反而成就了他"史家之绝唱，无韵之《离骚》"的传世经典之作。

美国伟大的总统林肯一生经历了无数失败和困苦，但他最终还是得到了成功女神的垂青，成为美国历史上与华盛顿齐名的伟人。试想，如果他不能坚持到最后，每一次失败都将有可能把他的未来之路堵死。

成功学家拿破仑·希尔认为："不管如何失败，都只不过是不断茁壮发展过程中的一幕。"一位哲人也说过："成功是由若干步骤组成的，人生低谷只是其中的某个步骤而已，如果在那里停止了前进的脚步，那将是非常愚蠢的。"

所以，面对人生的瓶颈，我们要坚定自己的志向，永远怀着希望与信念，以毫不妥协的精神突破这些瓶颈，走出人生的低谷。